Berichte aus dem
Institut für Umformtechnik
der Universität Stuttgart
Herausgeber: Prof. Dr.-Ing. K. Lange

66

Karl Roll

Einsatz numerischer Näherungsverfahren bei der Berechnung von Verfahren der Kaltmassivumformung

Mit 49 Abbildungen und 2 Tabellen

Springer-Verlag
Berlin Heidelberg New York 1982

Dipl.-Ing. Karl Roll
Institut für Umformtechnik
Universität Stuttgart

Dr.-Ing. Kurt Lange
o. Professor an der Universität Stuttgart
Institut für Umformtechnik

D 93

ISBN-13: 978-3-540-11910-4 e-ISBN-13: 978-3-642-81922-3
DOI: 10.1007/978-3-642-81922-3

Softcover reprint of the hardcover 1st edition 1982

Gesamtherstellung: DRUCK + *WERBUNG* · DRUCKSACHENVERTRIEBSGESELLSCHAFT m.b.H.
Hoffeldstraße 206E · 7000 Stuttgart 70 (Degerloch) · Telefon (0711) 721526
2362/3020—543210

GELEITWORT DES HERAUSGEBERS

Die Umformtechnik zeichnet sich durch sehr gute Werkstoffauswertung und hohe Mengenleistung in der Serienfertigung gegenüber anderen Fertigungsverfahren aus, wobei Beibehaltung der Masse, Änderung der Festigkeitseigenschaften während eines Vorgangs und elastische Rückfederung der Werkstücke nach einem Vorgang wesentliche Merkmale sind. Weiter sind die benötigten Kräfte, Arbeiten und Leistungen sehr viel größer als z.B. bei spanenden Verfahren. Die sichere Beherrschung eines Verfahrens in der industriellen Fertigung und die zunehmende Forderung nach Vermeidung bzw. Minimierung spanender Nacharbeit erzwingen die geschlossene Betrachtung des Systems "Umformende Fertigung" unter zentraler Berücksichtigung plastizitätstheoretischer, werkstoffkundlicher und tribologischer Grundlagen.

Das Institut für Umformtechnik der Universität Stuttgart stellt entsprechend Forschung und Entwicklung zum einen auf die Erarbeitung von Grundlagenwissen in diesen Bereichen ab, zum anderen untersucht und entwickelt es Verfahren unter Anwendung spezieller Meßtechniken mit dem Ziel einer genauen quantitativen Ermittlung des Einflusses der Parameter von Vorgang, Werkstoff, Werkzeug und Maschine. Die Behandlung von Problemen des Maschinenverhaltens, der Maschinenkonstruktion sowie der Werkzeugauslegung und -beanspruchung, der Auswahl hochbeanspruchbarer, verschleißfester Werkzeugbaustoffe und schließlich der Tribologie gehört entsprechend ebenfalls zum Arbeitsgebiet, das durch die Erfassung organisatorischer und betriebswirtschaftlicher Fragen abgerundet wird.

Im Rahmen der "Berichte aus dem Institut für Umformtechnik" erscheinen in zwangloser Folge jährlich mehrere Bände, in denen über einzelne Themen ausführlich berichtet wird. Dabei handelt es sich vornehmlich um Abschlußberichte von Forschungsvorhaben, Dissertationen, aber gelegentlich auch um andere Texte. Diese Berichte sollen den in der Praxis stehenden Ingenieuren und Wissenschaftlern zur Weiterbildung dienen und eine Hilfe bei der Lösung umformtechnischer Aufgaben sein. Für die Studierenden bieten sie die Möglichkeit zur Vertiefung der Kenntnisse. Die seit zwei Jahrzehnten bewährte freundschaftliche Zusammenarbeit mit dem Springer-Verlag sehe ich als beste Voraussetzung für das Gelingen dieses Vorhabens an.

Kurt Lange

Vorwort

Die vorliegende Arbeit entstand während meiner Tätigkeit als wissenschaftlicher Mitarbeiter und Assistent am Institut für Umformtechnik der Universität Stuttgart.

Herrn Professor Dr.-Ing. K. Lange danke ich für sein Vertrauen, seine großzügige Unterstützung sowie seine wertvollen Anregungen und Hinweise.

Herrn Professor Dr.-Ing. E. Steck danke ich für sein stets förderndes Interesse und die sich aus eingehenden Diskussionen ergebenden Anregungen.

Mit seinen Hinweisen hat Herr Professor Dr.-Ing. M. Geiger zum Gelingen dieser Arbeit mit beigetragen, wofür ich ihm ebenfalls danke.

Mein Dank gilt ferner allen Mitarbeitern des Instituts für Umformtechnik, die durch ihre tätige Hilfe meine Arbeit unterstützt haben.

Die Mittel zur Durchführung dieser Untersuchung wurden von der Deutschen Forschungsgemeinschaft zur Verfügung gestellt. Für die Förderung bin ich ebenfalls zu Dank verpflichtet.

Stuttgart, August 1982

Karl Roll

Inhaltsverzeichnis

Verzeichnis der Abkürzungen und Formelzeichen

Zeichen	Einheit	Bedeutung
B		Verzerrungs-Verschiebungs-Matrix im globalen Koordinatensystem
D		Elastizitätsmatrix
D^{ep}		Matrix für den el.-plast. Bereich
D_F		Fließmatrix
E	N/mm^2	Elastizitätsmodul
F		Fließfläche
G	N/mm^2	Schubmodul
H		Verzerrungs-Verschiebungs-Matrix im Elementkoordinatensystem
J		Jacobi-Transformationsmatrix
J_2	$(N/mm^2)^2$	zweite Invariante des Spannungsdeviators
K		Steifigkeitsmatrix
k	N/mm^2	Schubfließgrenze
k_f, σ_F	N/mm^2	Fließspannung
N		Matrix der Verschiebungsfunktion
n		Verfestigungsexponent
P		geschwindigkeitsabhängige Teilmatrix der Steifigkeitsmatrix
Q		Inkompressibilitätsmatrix
u		Vektor der Verschiebungen bzw. Geschwindigkeiten
$\begin{bmatrix} u \\ v \end{bmatrix}$		Komponentendarstellung des Geschwindigkeits- bzw. Verschiebungsvektors
V	mm^3	Volumen
z, r, ϑ		Zylinderkoordinaten
ε_{ij}		Komponenten des Dehnungstensors
$\dot{\varepsilon}_{ij}$	$1/s$	Komponenten des Formänderungsgeschwindigkeitstensors
ε_{el}		elastischer Anteil der Dehnungen
ε_{pl}		plastischer Anteil der Dehnungen
ε_v		Vergleichsdehnung
$\dot{\varepsilon}_v$	$1/s$	Vergleichsformänderungsgeschwindigkeit allgemeiner Verfestigungsparameter
λ	$mm^2/s \cdot N$	Proportionalitätsfaktor
$\lambda_1, \lambda_2, \lambda_3$		Elementkoordinaten im Dreieck
ν		Poisson-Zahl

σ_{ij}	N/mm²	Komponenten des Spannungstensors
σ'_{ij}	N/mm²	Komponenten des Spannungsdeviators
σ_m	N/mm²	hydrostatische Spannung
σ_V	N/mm²	Vergleichsspannung
τ	N/mm²	Schubspannung
φ		Umformgrad
ϕ		Spannungsfunktion
ψ		Stromfunktion
ξ, η		Elementkoordinaten im Viereck
$[\ ]^{-1}$		Inverse Matrix
$[\ ]^T$		Transponierte Matrix
$\{\ \}$		Vektor

Abkürzungen

FAV	Fehlerabgleichverfahren
FEM	Finite-Elemente-Methode
FE-	Finite-Elemente...

1 Einleitung und Aufgabenstellung

In der Umformtechnik ist neben der Kenntnis von integralen Größen wie Umformkraft und Umformleistung der während des Umformvorgangs im Werkstück auftretende Spannungs- und Bewegungszustand von Bedeutung. Diese Größen lassen sich bis auf wenige Ausnahmen bei realen Umformvorgängen nur mit numerischen Näherungsverfahren berechnen.

Ziel der vorliegenden Arbeit ist eine Weiterentwicklung und vergleichende Bewertung solcher numerischer Näherungsverfahren zum Berechnen großer plastischer Formänderungen und Spannungen sowohl bei stationär als auch bei instationär ablaufenden Umformvorgängen. Als Näherungsverfahren werden ein Fehlerabgleichverfahren, ein Finite-Element-Verfahren mit elastisch-plastischem Werkstoffmodell sowie ein Finite-Element-Verfahren mit starr-plastischem Werkstoffmodell untersucht.

Während bei dem Fehlerabgleichverfahren im wesentlichen auf ein bereits entwickeltes Programm zurückgegriffen werden konnte, wurden die entsprechenden FE-Programme neu entwickelt. Mit den in dieser Arbeit vorgestellten Näherungsverfahren ist die Berechnung von stationären und instationären Umformvorgängen möglich. Es können ebener Spannungszustand, ebener Formänderungszustand sowie axialsymmetrischer Formänderungszustand betrachtet werden. Die einzelnen Methoden werden auf verschiedene Verfahren der Kaltmassivumformung angewandt.

Da die meisten der mit diesen Verfahren berechneten Größen (z. B. die Spannungen) sich weitgehend einer experimentellen Überprüfung entziehen, soll durch Vergleich der mit den einzelnen o. g. Methoden erhaltenen Lösungen versucht werden, die Genauigkeit der berechneten Werte abzuschätzen. Wo möglich, werden die Verfahren auch mit Lösungen der Gleitlinientheorie verglichen.

2 Stand der Erkenntnisse

Dem Berechnen der bei Umformvorgängen im Werkstück auftretenden Spannungs- und Formänderungszustände stellen sich große mathematische Schwierigkeiten entgegen. Eine strenge Lösung der plastizitätstheoretischen Grundgleichungen ist bei der Behandlung von praktischen Problemen meist nur durch erhebliche Vereinfachung der Aufgabenstellung möglich (Bild 1). Die sich durch solche Vereinfachungen ergebenden Lösungsmethoden sind als sogenannte"elementare" Plastizitätstheorie, Gleitlinienverfahren und Hauptlinienverfahren bekannt.

Größen wie Umformkraft und Umformleistung, die den Umformvorgang als ganzes beschreiben, lassen sich mit den sogenannten Schrankenverfahren berechnen [1].

Mit der elementaren Plastizitätstheorie und mit den Schrankenverfahren lassen sich ausreichend gute Ergebnisse bezüglich der integralen Werte wie Umformkraft und Umformarbeit erreichen [2, 3]. Exakte Lösungen erlaubt die Gleitlinientheorie. Sie ist allerdings in ihrer Gültigkeit auf den ebenen Formänderungszustand beschränkt, der nur für wenige Umformverfahren als annehmbare Näherung angesehen werden kann. Weiter ist sie auf Werkstoffe ohne Verfestigung begrenzt. Versuche, die Gleitlinienmethode auf Probleme der axialsymmetrischen Umformung anzuwenden, ergeben Formulierungen (Hauptlinienverfahren), die bisher nur in Verbindung mit numerischen Iterationsverfahren lösbar sind [4].

Spannungen, Formänderungen und Formänderungsgeschwindigkeiten lassen sich bis auf die oben erwähnten Ausnahmen bei realen Umformvorgängen nur mit numerischen Näherungsverfahren genügend genau erfassen. Solche numerische Näherungsverfahren sind Finite-Elemente-Verfahren und Fehlerabgleichverfahren.

2.1 Fehlerabgleichverfahren

Das Fehlerabgleichverfahren hat seinen Ursprung in der direkten Behandlung von Aufgaben der Variationsrechnung [5]. Das

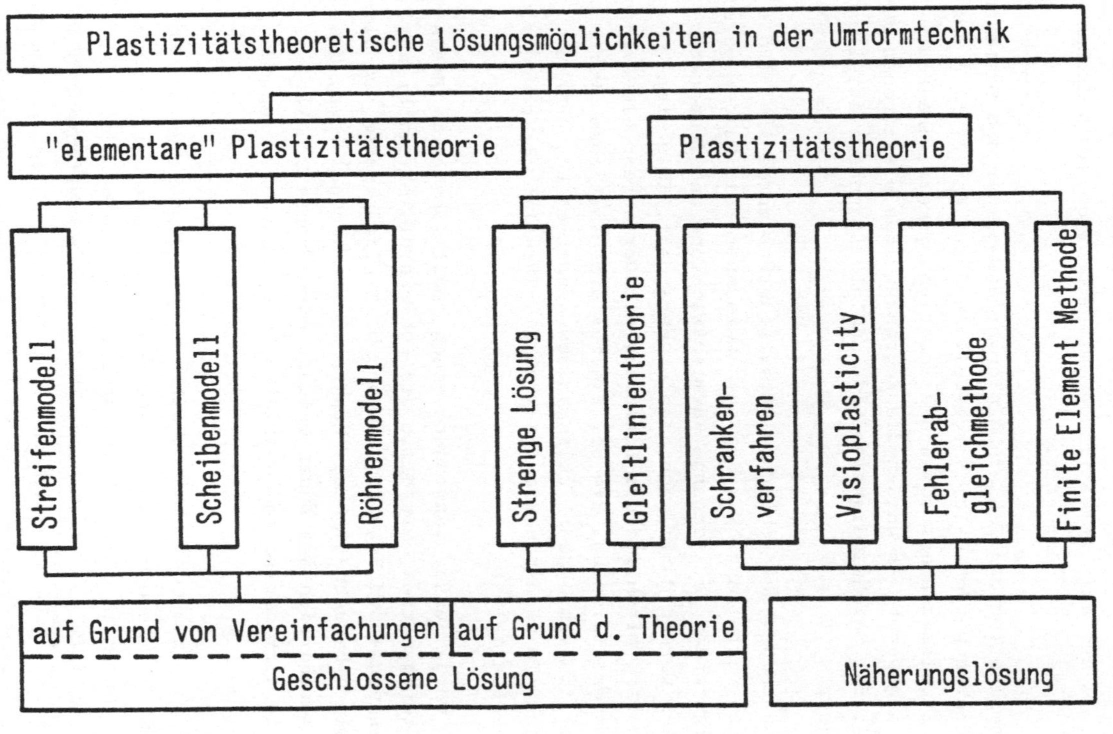

Bild 1: Plastizitätstheoretische Lösungsmöglichkeiten in der Umformtechnik.

Verfahren wurde erstmals in [6] auf die Berechnung des Spannungs- und Bewegungszustandes beim Fließen eines starr-plastischen Werkstoffes angewandt. In [7] wird die Anwendbarkeit des Verfahrens auf axialsymmetrische Umformvorgänge,wie Stauchen und Fließpressen, demonstriert.

Eine Kombination des Fehlerabgleichverfahrens mit dem Differenzenverfahren wurde in [8] vorgestellt und auf das Problem des ebenen Streifenziehens sowie das rotationssymmetrische Stabziehen angewandt. Es wurden die Begrenzung des plastischen Bereiches, das Geschwindigkeitsfeld und die Spannungsverteilung berechnet.

Unter Anwendung des Fehlerabgleichverfahrens wurde in [9] die Temperaturverteilung beim Stauchen berechnet. Die beiden parallel ablaufenden Teilvorgänge Wärmeentwicklung und Temperaturausgleich werden dabei nacheinander behandelt. Im ersten Schritt wird mit Hilfe des Fehlerabgleichverfahrens die örtliche innere Leistung, die bei einem starr-plastischen Werkstoff allein vom augenblicklichen Bewegungszustand abhängt, berechnet. Im nächsten Schritt wird die Wärmeleitgleichung mit Wärmequellen gelöst.

In [10] wurde, unter Verwendung eines modifizierten v. Misesschen Stoffgesetzes, mit Hilfe des Fehlerabgleichverfahrens der Spannungs- und Bewegungszustand beim Fließpressen von Sintermetallen berechnet. Dabei konnte nachgewiesen werden, daß der im Kernbereich des Düsenauslaufs entstehende Druckabfall durch die dort herrschenden axialen Zugspannungen verursacht wird.

Grenzen der Anwendungsmöglichkeiten, sowie Vorschläge zur Erweiterung der Anwendungsmöglichkeiten des Fehlerabgleichverfahrens werden in [11, 12] diskutiert. Es wird gezeigt, daß die Anwendungsmöglichkeiten des Fehlerabgleichverfahrens sehr stark von der Geometrie des zu berechnenden Problems abhängen. Bei ungünstigen Geometrien versagt das Verfahren. Es wird die Verwendung von sogenannten Makroelementen zur Erweiterung der Anwendungsmöglichkeiten vorgeschlagen und erste Ergebnisse vorgestellt.

2.2 Finite-Elemente-Verfahren

Bei der Anwendung der Methode der finiten Elemente auf die Berechnung umformtechnischer Probleme lassen sich zwei Methoden unterscheiden: Verfahren, die ein elastisch-plastisches und Verfahren, die ein starr-plastisches Werkstoffmodell benutzen.

2.2.1 Verfahren mit elastisch-plastischem Werkstoffmodell

Ausgehend von elastischen Problemstellungen wurde schon sehr früh versucht, elastisch-plastische Probleme zu berechnen. Aus einer Vielzahl von Arbeiten seien hier nur [13, 14, 15] erwähnt. In diesen Arbeiten werden durchweg Probleme behandelt, bei denen die plastischen Dehnungen in der Größenordnung der elastischen Dehnungen liegen. Daraus folgt, daß die finiten Elemente eine sehr kleine Gestaltänderung erfahren, so daß die ursprüngliche Geometrie und damit die ursprünglichen Steifigkeiten in der Rechnung verwendet werden konnten.

Erste Anwendungen auf Probleme der Umformtechnik werden in [16] vorgestellt. In dieser Arbeit wurde die Methode auf das axialsymmetrische Stauchen sowie das ebene Querstauchen eines Zylinders angewandt. Ein Vergleich mit gemessenen Verschiebungen ergab dabei bis zu einer bezogenen Höhenänderung von 20 % gute Übereinstimmung mit den gerechneten Werten. Für größere Umformgrade ergaben sich Abweichungen, da bei der Berechnung kein Anlegen von Werkstoff an die Stauchbahn beobachtet wurde.

Bei der Anwendung der Finiten-Elemente-Methode auf das Verfahren des Flanschstauchens [17] konnte relativ gute Übereinstimmung der gerechneten Verschiebungen mit gemessenen erreicht werden. Dabei wurde eine Rechenmethode angewandt, bei der das nichtlineare Stoffgesetz durch eine lineare Spannungs-Dehnungs-Beziehung mit der Steigung der Fließkurve als Proportionalitätsfaktor ersetzt wurde. Dieses vereinfachte Verfahren lieferte bis zu bezogenen Längenänderungen von 0,2 nahezu übereinstimmende Verschiebungsfelder mit denen der exakten Iterationsmethode, bei der das Stoffgesetz nicht linearisiert wurde. Bei diesem linearisierten Stoffgesetz können natürlich die

Spannungen nicht mehr exakt berechnet werden.

Anwendungen der FEM auf das Fließpressen sind in [18] beschrieben. Dabei wird das Werkstück in kleinen Schritten durch das Werkzeug geschoben. Hauptproblem dabei ist die Aufsummierung der Fehler mit zunehmendem Umformgrad, d. h. mit zunehmendem Eindringen des Werkstückes in das Werkzeug. Das zweite Problem, das nicht an die verwendete FE-Methode gebunden ist, stellt die Behandlung des Ein- und Austritts des Werkstoffs aus dem Werkzeug dar. In [19] wird das erste Problem durch Verwendung der endlichen Deformationstheorie, das andere durch sehr sanfte Übergänge am Werkzeug gelöst.

Ein ähnlicher Weg wird in [20] eingeschlagen. In den beiden zuletzt zitierten Arbeiten ist der Umformgrad der vorgestellten Beispiele niedrig (maximal 0,6).

2.2.2 Verfahren mit starr-plastischem Werkstoffmodell

Falls die plastischen Dehnungen sehr viel größer als die elastischen Dehnungen sind, können die elastischen Anteile vernachlässigt werden. Als Werkstoffmodell findet in diesem Fall das v. Misessche Modell Verwendung. Spannungsdeviatoren und Formänderungsgeschwindigkeiten werden dabei über das v. Misessche Stoffgesetz verknüpft.

Bei Verwendung der v. Misesschen Theorie lassen sich Extremalaussagen ableiten, die als obere [21] und untere [22] Schranke bekannt sind. In Verbindung mit der Methode der finiten Elemente hat vor allem das obere Schrankenverfahren Anwendung gefunden.

Eine erste Arbeit, in der die Methode der FEM in Verbindung mit dem oberen Schrankenverfahren auf den ebenen Spannungszustand angewandt wurde, ist in [23] veröffentlicht. Dabei wird die Dehnung ε_z aus der Kontinuitätsgleichung bestimmt. Der hydrostatische Druck wird aus dem Stoffgesetz mit Hilfe der Dehnungsgeschwindigkeit $\dot{\varepsilon}_z$ ermittelt.

Bei allen anderen Spannungs- und Formänderungszuständen muß die Bedingung der Inkompressibilität über Lagrange-Multiplikatoren, wie von [24, 25] vorgeschlagen, oder über Penalty-Funktionen [26] als zusätzliche Bedingung dem oberen Schrankenfunktional zugefügt werden.

Eine andere Möglichkeit, aus dem optimierten Geschwindigkeitsfeld die Spannungen zu berechnen, besteht darin, im Material eine geringe Kompressibilität anzunehmen. Diese in [27] vorgestellte Methode basiert auf den Gleichungen für poröses Material (siehe auch [10]). Für den inkompressiblen Fall wird eine sehr geringe Porosität angenommen. Bei dieser Vorgehensweise ist es nicht erforderlich, die Kontinuitätsbedingung durch Zusatzbedingungen dem Funktional zuzufügen.

Die auf dem starr-plastischen Werkstoffmodell basierende FE-Methode wurde auf verschiedene Umformvorgänge angewandt. In [25] wird eine Anwendung des Verfahrens auf den ebenen stationären Umformvorgang des Bandziehens vorgestellt. In [24, 26] wurde die Methode auf das axialsymmetrische Stauchen angewandt. Anwendungen auf das Verfahren des Ringstauchens werden in [29, 30] diskutiert. Erste Anwendungen auf das Walzen (ebener Formänderungszustand werden in [31] beschrieben. Dabei wird von einer konstanten Reibschubspannung zwischen Walze und Werkstück ausgegangen.

Die Berechnung des stationären Zustandes beim axialsymmetrischen Fließpressen wird in [32, 33] beschrieben.

Anwendungen des Verfahrens auf das Gesenkschmieden sowie auf das Schmieden einer Turbinenschaufel werden in [34] vorgestellt. Es wird die Geschwindigkeits- und Spannungsverteilung im geschlossenen Gesenk berechnet. Beim Schmieden der Turbinenschaufel wird, ausgehend von einem zylindrischen Rohteil, der Schmiedevorgang bis zu einer bezogenen Höhenabnahme von 0,56 simuliert. Es wird dabei ebener Formänderungszustand sowie ein Werkstoff ohne Verfestigung angenommen.

Anläßlich eines IUTAM-Symposiums wurde 1978 der Versuch unternommen, die an verschiedenen Stellen entwickelten FE-Programme zu vergleichen. Es wurde von allen Teilnehmern das Stauchen eines axialsymmetrischen Zylinders mit unterdrückter Bewegung an der Stauchbahn berechnet und die Ergebnisse verglichen. Als Werkstoffmodell wurde sowohl das elastisch-plastische als auch das starr-plastische Werkstoffmodell mit Verfestigung verwendet. Bei dem Vergleich ergaben sich vor allem bei den berechneten Spannungen sehr große Unterschiede [35].

3 Grundsätzliche Darstellung der verwendeten Lösungsverfahren

3.1 Finite-Elemente-Verfahren

Die Methode der finiten Elemente (FEM) ist in den letzten Jahren zu einem Standardverfahren bei der Bearbeitung zahlreicher Probleme geworden. Hier sind vor allem Probleme der Elastostatik zu nennen, die durch ihr lineares Stoffgesetz für diese Methode sehr gut geeignet sind und maßgeblich zur Entwicklung dieses Verfahrens beigetragen haben.

Die FEM kann allgemein über ein Variationsprinzip begründet werden. Das Lösungsgebiet wird in eine endliche Anzahl von Bereichen, die finiten Elemente, eingeteilt. Für diese Bereiche wird ein Lösungsansatz mit freien Parametern gewählt, die zu optimieren sind. Bei linearen Problemen führt dies zur Lösung eines linearen Gleichungssystems. Die FEM ist leicht programmierbar, Rand- und Übergangsbedingungen sind problemlos einzuarbeiten. Eine ausführliche Darstellung der Methode findet sich z. B. in [36].

3.1.1 Methode der Anfangsspannungen

Ausgehend von den elastischen Berechnungen wurde sehr früh versucht, die FEM auf elastisch-plastische Probleme anzuwenden. Man unterscheidet dabei das Verfahren der Anfangsspannungen, das der Anfangsverzerrungen sowie das der tangentialen Steifigkeiten. Eine Darstellung dieser Verfahren findet sich in [37].

Im Rahmen dieser Arbeit wurde die Methode der Anfangsspannungen angewandt. Die Methode ist ausführlich in [14, 36] beschrieben. Sie soll deshalb nur kurz skizziert werden.

Die Fließbedingung eines elastisch-plastischen Werkstoffes mit Verfestigung läßt sich in der Form

$$F\ (\sigma_{ij}, \varkappa\ ) = F\ (\sigma'_{ij}, \varkappa\ ) = 0 \qquad (1)$$

darstellen. Dabei stellen σ_{ij} bzw. σ'_{ij} die Komponenten des Spannungstensors bzw. des Spannungsdeviators, κ einen allgemeinen Parameter für die Verfestigung und F die Fließfläche dar. Spaltet man die Formänderungsgeschwindigkeiten in einen elastischen und einen plastischen Anteil auf, so erhält man

$$\dot{\varepsilon}_{ij} = \dot{\varepsilon}_{ij}^{el} + \dot{\varepsilon}_{ij}^{pl}. \tag{2}$$

Dabei sind $\dot{\varepsilon}_{ij}$ die Komponenten des Formänderungsgeschwindigkeitstensors.

Setzt man die Gültigkeit des Druckerschen Postulats [38] voraus, so gilt für den plastischen Anteil

$$\dot{\varepsilon}_{ij}^{pl} = \lambda \cdot \frac{\partial F}{\partial \sigma'_{ij}} = \lambda \cdot \frac{\partial F}{\partial \sigma_{ij}}. \tag{3}$$

Dabei stellt λ einen invarianten Proportionalitätsfaktor dar. Für den Zuwachs pro Zeitinkrement gilt

$$d\varepsilon_{ij} = \dot{\varepsilon}_{ij} dt = d\varepsilon_{ij}^{el} + d\varepsilon_{ij}^{pl}. \tag{4}$$

Für den elastischen Anteil soll das Hookesche Gesetz gelten, für die Verknüpfung der plastischen Dehnungsinkremente mit den plastischen Spannungsinkrementen Gl. (3). Damit ergibt sich in Matrixschreibweise

$$d\{\varepsilon\} = [D]^{-1} d\{\sigma\} + d\bar{\lambda} \frac{\partial F}{\partial \{\sigma\}} \quad \text{mit } d\bar{\lambda} = \lambda \cdot dt. \tag{5}$$

Im plastischen Bereich bewegt sich der Spannungszustand auf der Fließfläche, d. h. es muß dF = 0 sein. Angewandt auf Gl. (1) folgt daraus

$$dF = \frac{\partial F}{\partial \sigma_{ij}} d\sigma_{ij} + \frac{\partial F}{\partial \kappa} d\kappa = 0. \tag{6}$$

Aus Gl. (5) und Gl. (6) läßt sich nun eine Beziehung für die Verknüpfung der inkrementellen Spannungen mit den Dehnungsinkrementen im plastischen Bereich herleiten. Mit der Substitution

$$\frac{\partial F}{\partial \kappa} d\kappa = - A \cdot d\bar{\lambda} \tag{7}$$

ergibt sich

$$d\{\sigma\} = D^{ep} \cdot d\{\varepsilon\} \tag{8}$$

mit

$$D^{ep} = D - [D \cdot \frac{\partial F}{\partial \{\sigma\}} \frac{\partial F^T}{\partial \{\sigma\}} D] [A + \frac{\partial F^T}{\partial \{\sigma\}} D \cdot \frac{\partial F}{\partial \{\sigma\}}]^{-1} \tag{9}$$

Unter Verwendung der v. Misesschen Fließbedingung läßt sich zeigen, daß

$$\frac{\partial F}{\partial \{\sigma\}} = \frac{3}{2\sqrt{J_2}} \{\sigma'\} = \frac{3}{2\, \sigma_F} \{\sigma'\} \tag{10}$$

und A der Steigung der Spannungsdehnungskurve entspricht. Mit Gl. (8) und Gl. (9) lassen sich die plastischen Spannungsinkremente aus den Dehnungsinkrementen berechnen. Diese Verknüpfung wurde in dieser Form erstmals in [14, 15] beschrieben. Die Anwendung dieses Verfahrens auf die verschiedenen Formänderungszustände sowie die programmtechnische Realisierung der Methode wird später in Abschnitt 4.1 behandelt.

3.1.2 Starr-plastisches Werkstoffmodell

Bei Verfahren der Kaltmassivumformung sind die plastischen Formänderungen nicht mehr als klein anzusehen. Bei vielen Problemen läßt sich die Aufgabe durch das Vernachlässigen der elastischen Dehnungen unter Verwendung eines starr-plastischen Werkstoffmodells vereinfachen.

Im folgenden sollen die Grundlagen des Verfahrens unter Verwendung der Methode der oberen Schranke kurz skizziert werden.

Für einen Körper V wird ein Variationsproblem betrachtet, wobei die Randbedingungen so sein sollen, daß der ganze Körper sich plastisch verformt. Für die Methode der oberen Schranke gilt, unter Anwendung des v. Misesschen Stoffgesetzes, daß von allen kinematisch zulässigen Geschwindigkeitsfeldern, welche die Verträglichkeitsbedingung und die Inkompressibilitätsbedingung sowie die Geschwindigkeitsrandbedingungen an der

Oberfläche erfüllen, das exakte Geschwindigkeitsfeld das Funktional

$$\pi = \int_V \sigma_{ij}\, \dot{\varepsilon}_{ij}\, dV - \int_S n_i\, \sigma_{ij}\, v_j\, dS \qquad (11)$$

zu einem Minimum macht.

Mit Hilfe des Satzes von der maximalen Umformleistung [38] läßt sich Gl. (11) in

$$\int_V k_f\, \dot{\varepsilon}_v\, dV - \int_S n_i\, \sigma_{ij}\, V_j\, dS = \mathrm{Min} \qquad (12)$$

überführen.

Bei der Diskretisierung von Gl. (11) in finite Elemente zeigt sich, daß es nicht möglich ist, Geschwindigkeitsansätze zu finden, die volumenkonstant und gleichzeitig drehinvariant bzw. vollständig sind. Eine genaue Darstellung dieses Problems findet sich z. B. in [25]. Die Inkompressibilitätsbedingung, die eine Nebenbedingung darstellt, muß deshalb dem Funktional zugefügt werden. Dies geschieht hier mit Hilfe einer Lagrangeschen Parameterfunktion σ_m. Eine genaue Darstellung der Behandlung von Nebenbedingungen findet sich in [39]. Fügt man die Nebenbedingung zu Gl. (11), so erhält man

$$\pi' = \int_V \sigma_v\, \dot{\varepsilon}_v\, dV + \int_V \sigma_m\, \dot{\varepsilon}_{ii}\, dV - \int_S n_i \sigma_{ij}\, v_j\, dS = \mathrm{stat.} \qquad (13)$$

In Gl. (13) stellt das erste Glied die Volumenleistung, das zweite die Volumenänderungsleistung und das letzte Glied die Reibleistung dar. Setzt man in Gl. (13) die Gleichungen des v. Misesschen Stoffgesetzes ein, so erhält man ein in den Geschwindigkeiten nichtlineares Gleichungssystem. Die Lösung dieses Gleichungssystems liefert das Geschwindigkeitsfeld, das Gl. (13) zu einem Minimum macht. Spannungen und Dehnungsgeschwindigkeiten lassen sich aus dieser Lösung mit Hilfe der bekannten Beziehungen bestimmen.

Über die hier nur kurz skizzierte Lösung von Gl. (11) mit Hilfe der Methode der finiten Elemente wurde erstmals in [24, 25] berichtet. Die Anwendung des Verfahrens auf die einzelnen Formänderungszustände sowie die programmtechnische Realisierung werden in Abschnitt 4.2 diskutiert.

3.2 Fehlerabgleichverfahren

Das hier angewandte Fehlerabgleichverfahren [7] hat seinen Ursprung in der direkten Behandlung von Aufgaben der Variationsrechnung. Bei der Anwendung des Verfahrens auf kontinuumsmechanische Probleme ergibt sich folgende Aufgabenstellung. In einem Gebiet U eines Kontinuums sei eine Funktion F (x) gesucht, die durch die Differentialgleichung

$$D_1 \; (f(x)) = f_1 \; (x) \text{ in } U \tag{14}$$

und die Randbedingung

$$D_2 \; (f(x)) = f_2 \; (x) \tag{15}$$

auf der Berandung bestimmt ist. D_1 und D_2 sollen dabei Differentialoperatoren sein.

Für die nicht bekannte Lösung f (x) wird nun ein Lösungsansatz aufgestellt, der z. B. die Form

$$f^n(x) = \sum_{i=1}^{I} A_i \; \Phi_i \; (x) \tag{16}$$

besitzen kann. Dieser Ansatz besteht aus einer Summe von I vorgegebenen Funktionen Φ_i, die mit den Konstanten A_i, deren Werte noch bestimmt werden müssen, multipliziert werden. Die in Gl. (16) angenommene Lösung ist selbstverständlich nicht die exakte Lösung des Problems. Es tritt vielmehr in jedem Punkt des Gebietes ein Fehler

$$F \; (x) = \sum_{i=1}^{I} A_i \; D_1(\Phi_i(x)) - f_1(x) \tag{17}$$

auf, dessen Größe von der Form des Ansatzes und von der Wahl der Parameter abhängt. Die Aufgabe besteht nun darin, diese Parameter so zu bestimmen, daß die Fehlerverteilung gewissen vorher festgelegten Anforderungen genügt. Diese Anforderungen können durch die Bedingung

$$\int w_i(x)\ F(x)\, d\,U = 0 \qquad i = 1,2...I \tag{18}$$

dargestellt werden. Man erhält dann I Gleichungen für die Bestimmung der Unbekannten $A_1 \ldots A_I$. Durch die Werte der Gewichtsfaktoren $w_i(x)$ unterscheiden sich die einzelnen Fehlerabgleichverfahren voneinander. Bei dem hier dargestellten wird als Fehlerabgleichverfahren die Methode der kleinsten Fehlerquadrate verwendet. Bei dieser Methode wird gefordert, daß das Integral der quadrierten Fehlerverteilung über dem Bereich U zum Minimum wird. Die Parameter sind also so zu bestimmen, daß

$$\int F^2(x)\ dU = \text{Min} \tag{19}$$

Die Methode der kleinsten Fehlerquadrate hat mit den Variationsmethoden gemeinsam, daß die Lösungsfunktionen einen Integralausdruck zu einem Minimum machen. Sie hat den Vorteil, daß der Wert dieses Minimums (nämlich Null) bekannt ist und damit eine Abschätzung der Güte der Näherungslösung aus der Größe möglich ist, die das Integral in Gl. (19) annimmt. Dieses Verfahren wurde erstmals in [6] auf umformtechnische Probleme angewandt. Die programmtechnische Realisierung sowie die Anwendung auf die einzelnen Formänderungszustände wird in Abschnitt 4.3 dargestellt.

4 Grundlagen der Programmentwicklung für die einzelnen Näherungsverfahren

4.1 Finite-Elemente-Verfahren mit elastisch-plastischem Werkstoffmodell

Wie in Abschnitt 3.1 dargestellt, werden bei dieser Methode die Dehnungen in einen elastischen und plastischen Anteil aufgeteilt. Aus den plastischen Dehnungsinkrementen werden mit Hilfe von Gl. (9) die plastischen Spannungsinkremente berechnet. Für die einzelnen Verzerrungszustände ergeben sich dabei unterschiedliche Matrizen für den elastisch-plastischen Bereich.

4.1.1 Anwendung auf ebenen Spannungszustand

Im ebenen Spannungszustand lassen sich die Spannungen und Dehnungen in einem x-y-Koordinatensystem folgendermaßen darstellen

$$\sigma = [\sigma_x, \sigma_y, \tau_{xy}]^T \tag{20}$$

$$\varepsilon = [\varepsilon_x, \varepsilon_y, \varepsilon_{xy}]^T \tag{21}$$

Die Elastizitätsmatrix D hat folgende Form

$$D = \frac{1}{1-\nu^2} \begin{bmatrix} E & \nu E & o \\ \nu E & E & o \\ o & o & 2(1-\nu^2)G \end{bmatrix} \tag{22}$$

Dabei ist isotropes Verhalten angenommen. In dieser Darstellung ist berücksichtigt, daß in der Elastizitätstheorie die Schiebungen üblicherweise mit

$$\gamma_{xy} = 2\,\varepsilon_{xy} = (u_{xy} + u_{yx}) \;;\quad u_{xy} = \frac{\partial u_x}{\partial y} \tag{23}$$

in der Plastizitätstheorie mit

$$\varepsilon_{xy} = 0{,}5\,\gamma_{xy} = 0{,}5\,(u_{xy} + u_{yx}) \tag{24}$$

angegeben werden. Es wird deshalb, um konsistente Formulierungen im elastischen und plastischen Bereich zu erhalten, für die Schiebungen die Definition (24) verwendet. Dies hat zur Folge, daß der "Schubmodul" in Gl. (22) doppelt so groß als üblich angenommen werden muß.

Die Fließfläche hat im ebenen Spannungszustand folgende Form.

$$F = \sqrt{\sigma_x^2 + \sigma_y^2 - \sigma_x\sigma_y + 3\,\tau_{xy}^2} = \sigma_F. \tag{25}$$

Damit ergibt sich

$$\frac{\partial F}{\partial \sigma_x} = \frac{3\,(\sigma_x - \frac{1}{3}\,(\sigma_x + \sigma_y))}{2\sigma_F} = \frac{2\sigma_x - \sigma_y}{2\sigma_F} \tag{26}$$

usw.

Durch Einsetzen der Gl. (22) und (26) in Gl. (9) läßt sich die elastisch-plastische Matrix berechnen.

4.1.2 Anwendung auf den ebenen Verzerrungszustand

Im ebenen Verzerrungszustand gilt, falls die Fließebene die x-y-Ebene ist, $\varepsilon_z = 0$. Setzt man dies in die entsprechende Spannungs-Verzerrungsbeziehung ein, so erhält man

$$\varepsilon_z = \frac{\sigma_z}{E} - \frac{\nu\,\sigma_x}{E} - \frac{\nu\,\sigma_y}{E} = 0. \tag{27}$$

Arbeitet man diese Beziehung in Gl. (9) ein, so erhält man

$$D^{ep} = \left[\begin{array}{c|c} D^{-1} & \frac{\partial F}{\partial \sigma_x} + \nu \cdot \frac{\partial F}{\partial \sigma_z} \\ \hline \text{symm.} & -\left(A + E\left(\frac{\partial F}{\partial \sigma_z}\right)^2\right) \end{array}\right] \tag{28}$$

Die Fließfläche hat im ebenen Verzerrungszustand folgende Form

$$F = \sqrt{\frac{3}{4}\,(\sigma_x - \sigma_y)^2 + 3\,\tau_{xy}^2} = \sigma_F. \tag{29}$$

Bei der Berechnung von $\partial F/\partial \sigma_{ij}$ ist zu berücksichtigen, daß $\partial F/\partial \sigma_z = 3\sigma_z' /2\sigma_F$ nur für $\nu = 0{,}5$ Null ist. Das hat zur Folge, daß bei der verwendeten Methode der Anfangsspannungen die Spannungsinkremente $d\sigma_z$ ebenfalls aufsummiert werden müssen und nicht direkt aus σ_x und σ_y berechnet werden dürfen.

Für $\nu = 0{,}5$ wird die Elastizitätsmatrix singulär. Dieser Fall ist mit der hier verwendeten Methode nicht zu lösen. Es wird deshalb bei den Beispielen mit einer Querkontraktionszahl nahe 0,5 gerechnet.

Will man mit dem ν -Wert 0,5 rechnen, so empfiehlt es sich, den deviatorischen Teil der Dehnungen vom dilatorischen Teil zu trennen. Die Spannungen ergeben sich damit zu

$$\sigma_x = - p + 2\,G \cdot \varepsilon_x = - p + \sigma_x' \tag{30}$$

$$\sigma_y = - p + 2\,G \cdot \varepsilon_y = - p + \sigma_y' . \tag{31}$$

Dabei ist p der hydrostatische Druck. In diesem Fall muß für ein finites Element die Beziehung

$$\int_V (\varepsilon_x + \varepsilon_y) dV = 0 \tag{32}$$

erfüllt sein. Fügt man diese Bedingung mit Hilfe der Lagrange-Multiplikatoren (siehe [39]) dem System als Zwangsbedingung bei, so erhält man ein Gleichungssystem mit den Verschiebungen und dem hydrostatischen Druck als Unbekannte. Man benötigt für diese Vorgehensweise also hybride Elemente, mit denen sich sowohl Spannungen als auch Verschiebungen berechnen lassen [40]. Bei der Auswahl dieser Elemente ist eine gewisse Vorsicht geboten, da bei ungünstiger Elementwahl dem System dabei zu viele Zwangsbedingungen aufgeprägt werden können und das System sich dadurch physikalisch unsinnig verhält. Auf diese Problematik wird im Zusammenhang mit dem starr-plastischen Werkstoffmodell näher eingegangen werden. Ausführliche Diskussionen finden sich in [41, 42, 43].

4.1.3 Anwendung auf Probleme mit Axialsymmetrie

Im axialsymmetrischen Fall haben die Spannungs- und Dehnungsvektoren folgende Form

$$\sigma = [\sigma_z, \sigma_r, \sigma_\vartheta, \tau_{rz}]^T$$
$$\varepsilon = [\varepsilon_z, \varepsilon_r, \varepsilon_\vartheta, \varepsilon_{rz}]^T. \tag{33}$$

Die Elastizitätsmatrix hat folgende Form

$$D = \frac{E}{(1+\nu)(1-2\nu)} \begin{bmatrix} 1-\nu & \nu & \nu & 0 \\ \nu & 1-\nu & \nu & 0 \\ \nu & \nu & 1-\nu & \\ 0 & 0 & 0 & 1-2\nu \end{bmatrix} \tag{34}$$

Die Fließfläche F berechnet sich nach folgender Beziehung:

$$F = \sqrt{\frac{1}{2}\,[(\sigma_z-\sigma_r)^2+(\sigma_r-\sigma_\vartheta)^2+(\sigma_\vartheta-\sigma_z)^2+3\,\tau_{rz}^2} = \sigma_F \tag{35}$$

damit ergibt sich

$$\frac{\partial F}{\partial \sigma_z} = \frac{2\sigma_z - \sigma_r - \sigma_\vartheta}{2\,\sigma_F} \qquad \text{usw.} \tag{36}$$

Durch Einsetzen der Gl. (36) und (34) in Gl. (9) läßt sich die Matrix für den elastisch-plastischen Bereich bestimmen, die die plastischen Spannungsinkremente mit den Dehnungsinkrementen verknüpft.

4.1.4 Elementanalyse

Auf die Methode der finiten Elemente soll, wie schon erwähnt, hier nicht eingegangen werden. In diesem Abschnitt sollen lediglich die Ansatzfunktionen für die Verschiebungen und Dehnungen der verwendeten Elemente behandelt werden.

4.1.4.1 Dreieckselement mit drei Knoten

Dieses Element (Bild 2)stellt bei der Behandlung zweidimensionaler Probleme das einfachst mögliche Element dar.

Für die Verschiebungen im Element wird der lineare Ansatz

$$\begin{aligned} u &= a_1 + a_2 x + a_3 y \\ v &= a_4 + a_5 x + a_6 y \end{aligned} \tag{37}$$

angenommen. Die Ansätze in Gl. (37) stellen dabei vollständige lineare Polynome dar. Durch Berechnen von u in den Punkten 1, 2 und 3 erhält man

$$u = \begin{Bmatrix} u \\ v \end{Bmatrix} = N \cdot \{u\} = \begin{bmatrix} N_i & 0 & N_j & 0 & N_m & 0 \\ 0 & N_i & 0 & N_j & 0 & N_m \end{bmatrix} \cdot \begin{bmatrix} u_1 \\ \vdots \\ u_3 \\ v_1 \\ \vdots \\ v_3 \end{bmatrix} . \tag{38}$$

Dabei stellt N_i die sogenannte Verschiebungsfunktion dar.

N_i ist dabei

$$N_i = [a_i + b_i x + c_i y]/2\Delta$$

mit

$$\begin{aligned} a_i &= x_j y_m - x_m y_j \\ b_i &= y_j - y_m \\ c_i &= x_m - x_j . \end{aligned} \tag{39}$$

N_j, N_m werden durch zyklisches Vertauschen der Indizes gebildet. Die Dehnungen innerhalb des Elementes lassen sich gemäß den Verzerrungs-Verschiebungsbeziehungen ($\varepsilon_x = \partial u/\partial x \ldots$) berechnen.

Wendet man diese Beziehung auf (39) an, so ergibt sich

$$\varepsilon = \begin{bmatrix} \varepsilon_x \\ \varepsilon_y \\ \varepsilon_{xy} \end{bmatrix} = \begin{bmatrix} \frac{\partial}{\partial x} & 0 \\ 0 & \frac{\partial}{\partial y} \\ \frac{\partial}{2\partial y} & \frac{\partial}{2\partial x} \end{bmatrix} \begin{Bmatrix} u \\ v \end{Bmatrix} = [B] \cdot \{u\} \tag{40}$$

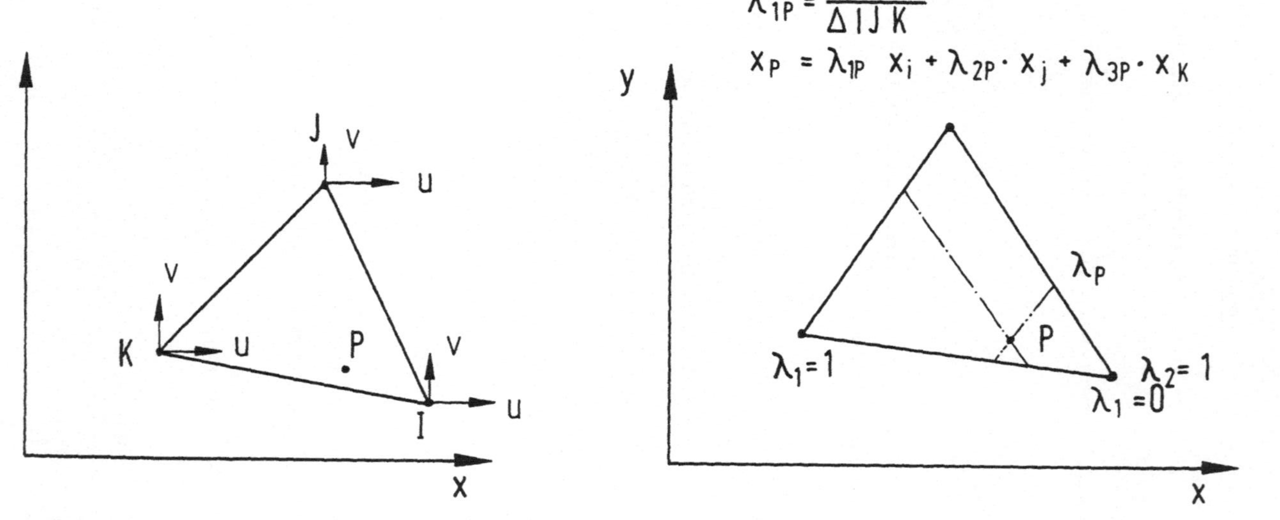

Bild 2: Dreieckelement mit drei Knoten.

$$\text{mit } B = \begin{bmatrix} \frac{\partial Ni}{\partial x} & 0 \\ 0 & \frac{\partial Ni}{\partial y} \\ \frac{\partial Ni}{2\partial y} & \frac{\partial Ni}{2\partial x} \end{bmatrix} = \frac{1}{2\Delta} \cdot \begin{bmatrix} b_1 & 0 & b_2 & 0 & b_3 & 0 \\ 0 & c_1 & 0 & c_2 & 0 & c_3 \\ c_1 & b_1 & c_2 & b_2 & c_3 & b_3 \end{bmatrix} . \tag{40 a}$$

Dabei ist Δ die Fläche des Dreieckes. Die Steifigkeitsmatrix eines Elementes berechnet sich nun zu

$$K = \int_V B^T \, D \, B \, dV . \tag{41}$$

Dabei stellt D die Elastizitätsmatrix dar, deren Definition für die einzelnen Spannungs- und Verzerrungszustände in Abschnitt 4.1.1 bis 4.1.3 angegeben ist.

Die Matrix B ist für den ebenen Spannungs- und Verzerrungszustand konstant, da ihr Wert nicht von Koordinaten abhängt, wie sich durch Berechnen der einzelnen Ableitungen leicht zeigen läßt.

Das Element besitzt damit eine konstante Dehnung und über die Verknüpfung mit der Elastizitätsmatrix auch eine konstante Spannung. Die Spannungsverteilung ist auch im plastischen Bereich konstant, da auch die Matrix für den elastisch-plastischen Bereich nicht von den Koordinaten abhängt.

Das Integral in Gl. (40) kann damit geschlossen integriert werden. Es ergibt sich

$$K = B^T \cdot D \cdot B \cdot t \cdot \Delta . \tag{42}$$

Dabei stellt t die Dicke des Elementes dar. Die Angabe der vollständigen Steifigkeitsmatrix findet sich z. B. in [39].

Im axialsymmetrischen Fall hängt die tangentiale Dehnung $\varepsilon_\theta = \frac{u}{r}$ dagegen von den Koordinaten ab. Alle anderen Dehnungen sind von den Koordinaten unabhängig. Diese Tatsache erschwert die Integration von Gleichung (41). Eine geschlossene Integration ist nur mit großem Aufwand möglich. In erster Näherung kann Gleichung (41) durch Entwicklung von [B] am Schwerpunkt des Dreiecks berechnet werden. Für diesen Fall ergibt sich

$$K = B^T DB \ \bar{r} \cdot \Delta \tag{43}$$

$\bar{r}$ ist dabei die r-Koordinate des Schwerpunktes. Dieses Verfahren kann fehlerbehaftet sein, vor allem setzt es kleine Elemente voraus, wodurch der Fehler klein wird.

Eine bessere Möglichkeit für die Lösung von Gleichung (41) stellt die numerische Integration dar. Zu diesem Zweck ist es vorteilhaft, das Dreieck in Elementkoordinaten zu definieren (Bild 2). Das Einheitsdreieck wird durch folgende Transformationen in den x-y-Raum abgebildet

$$\begin{aligned} x &= \lambda_1 x_1 + \lambda_2 x_2 + \lambda_3 x_3 \\ y &= \lambda_1 y_1 + \lambda_2 y_2 + \lambda_3 y_3 \\ 1 &= \lambda_1 + \lambda_2 + \lambda_3 . \end{aligned} \tag{44}$$

Dabei ist $\lambda_i = \frac{\Delta\ P23}{\Delta\ 123}$ (siehe auch Bild 2) . Löst man Gleichung (44) für x und y, so erhält man

$$\lambda_i = (a_1 + b_i x + c_i y)/2\Delta . \tag{45}$$

Dieser Ausdruck ist identisch mit Gl. (39). Die Darstellung im Einheitsdreieck ist also der Beschreibung im x-y-Raum äquivalent. Für die Verschiebungs- oder Formfunktion ergibt sich damit

$$N_i = \lambda_i , \qquad i = 1,3. \tag{46}$$

Die Verschiebungsfunktion hat also am Knotenpunkt den Wert 1, den Wert Null an den beiden anderen Punkten, dazwischen verläuft sie linear. Für die Berechnung der Dehnungen gemäß Gl. (41) ergibt sich damit nach der Kettenregel der Differentialrechnung

$$\frac{\partial N_i}{\partial \lambda_i} = \frac{\partial N_i}{\partial x} \cdot \frac{\partial x}{\partial \lambda_1} + \frac{\partial N_i}{\partial y} \frac{\partial y}{\partial \lambda_2} . \tag{47}$$

Faßt man Gl. (47) in Matrixschreibweise zusammen, so ergibt sich

$$\begin{bmatrix} \frac{\partial N_i}{\partial \lambda_1} \\ \\ \frac{\partial N_i}{\partial \lambda_2} \end{bmatrix} = \begin{bmatrix} \frac{\partial x}{\partial \lambda_1} & \frac{\partial x}{\partial \lambda_1} \\ \\ \frac{\partial x}{\partial \lambda_2} & \frac{\partial y}{\partial \lambda_2} \end{bmatrix} \begin{bmatrix} \frac{\partial N_i}{\partial x} \\ \\ \frac{\partial N_i}{\partial y} \end{bmatrix} = J \cdot \begin{bmatrix} \frac{\partial N_i}{\partial x} \\ \\ \frac{\partial N_i}{\partial y} \end{bmatrix}. \quad (48)$$

Dabei wird J als Jacobimatrix bezeichnet. Zur Berechnung der globalen Ableitungen invertiert man J und erhält

$$[\varepsilon] = [J]^{-1} \; B \begin{Bmatrix} u \\ v \end{Bmatrix} = H \begin{Bmatrix} u \\ v \end{Bmatrix}. \quad (49)$$

Das Elementvolumen dV = dxdydz wird im axialsymmetrischen Fall zu $2\pi \, r d\lambda_1 d\lambda_2 \cdot \det |J|$ transformiert. Damit ergibt sich für die Steifigkeitsmatrix

$$K = \int_V B^T \, D \, B dV = 2\pi \int_0^1 \int_0^{1-\lambda} H^T \, D \, H \, r \det |J| \, d\lambda_1 d\lambda_2. \quad (50)$$

Das Integral wird numerisch integriert nach der in [44] angegebenen Beziehung

$$K = \sum_{i=1}^{4} H(\lambda_1, \lambda_2)^T \, D \, H(\lambda_1, \lambda_2) \cdot r \cdot |J(\lambda_1, \lambda_2)| \cdot W_i. \quad (51)$$

Der Fehler bei vier Stützstellen ist dabei von 3. Ordnung.

Mit dieser Vorgehensweise läßt sich das axialsymmetrische Dreieckselement sehr genau integrieren. Die Formulierung in Elementkoordinaten läßt sich programmtechnisch sehr einfach realisieren, da dabei die Lage des Elementes im x-y-Raum bei der Integration nicht berücksichtigt werden muß.

Wie schon erwähnt, ist im axialsymmetrischen Element die tangentiale Dehnung (und damit auch die tangentiale Spannung) von den Koordinaten abhängig, während alle anderen Komponenten des Dehnungs- bzw. Spannungsvektors koordinatenunabhängig sind.
Bei der Berechnung des elastisch-plastischen Verhaltens ergeben sich durch diese inkonsistente Verteilung der einzelnen Komponenten Schwierigkeiten bei der Iteration. Diese Schwierigkeiten

werden umgangen, indem das ganze Element als konstantes Dehnungselement behandelt wird. Die Dehnungen (und Spannungen) werden also nur im Schwerpunkt des Elementes berechnet. Die Spannungen an den Knotenpunkten werden durch lineare Extrapolation aus den Spannungen in den Elementschwerpunkten bestimmt.

4.1.4.2 Viereckelement mit vier Knoten

Als Viereckelement wurde ein isoparameterisches Element gewählt. Unter isoparametrischen Elementen versteht man Elemente, in denen für die Formfunktion und für die Darstellung der Geometrie dieselben Funktionen verwendet werden.

Das hier verwendete Element erhält man durch bilineare Formfunktionen. Analog der Darstellung des Dreieckelementes in Elementkoordinaten definiert man auch hier ein Elementkoordinatensystem (Bild 3). Das allgemeine Viereckelement wird also im Elementkoordinatensystem als ein Quadrat abgebildet. Auf diese Weise nehmen die Koordinaten an den Eckpunkten die Werte -1 bzw. +1 an. Der nächste Schritt besteht nun darin, die Formfunktionen in Abhängigkeit der dimensionslosen Koordinaten auszudrücken. Für das Viereckelement erhält man

$$[N(\xi,\eta)] = \frac{1}{4}\,[(1-\xi)(1+\eta),(1-\xi)(1-\eta),(1+\xi)(1-\eta),(1+\xi)(1+\eta)]. \tag{52}$$

Für die x- und y-Koordinate gilt nun:

$$x(\xi,\eta) = [N(\xi,\eta)]\left\{x\right\} \qquad y = [N(\xi,\eta)]\left\{y\right\}. \tag{53}$$

Dabei ist $\left\{x\right\} = [x_1, x_2, x_3, x_4]^T$

Im Punkt 2 ist also $x = x_2$ und $y = y_2$.

Ganz entsprechend macht man nun den Ansatz für die Verschiebungen in einem Element

$$u(\xi,\eta) = [N(\xi,\eta)]\left\{u\right\};\ v(\xi,\eta) = [N(\xi,\eta)]\left\{v\right\}. \tag{54}$$

Für die Konstruktion der Steifigkeitsmatrix muß man nun die Verzerrungen im Element bestimmen. Diese Verzerrungen sind in den

Verschiebungsableitungen im x-y-Koordinatensystem ausdrückbar. Im Elementsystem ergibt sich mit Hilfe der Kettenregel der Differentialrechnung

$$\begin{aligned} \frac{\partial N_i}{\partial \xi} &= \frac{\partial x}{\partial \xi}\frac{\partial N_i}{\partial x} + \frac{\partial y}{\partial \xi}\frac{\partial N_i}{\partial y} \\ \frac{\partial N_i}{\partial \eta} &= \frac{\partial x}{\partial \eta}\frac{\partial N_i}{\partial x} + \frac{\partial y}{\partial \eta}\frac{\partial N_i}{\partial y} \end{aligned} = [J] \begin{bmatrix} \frac{\partial N_i}{\partial x} \\ \frac{\partial N_i}{\partial y} \end{bmatrix}. \tag{55}$$

Durch Inversion von [J] können die Ableitungen $\frac{\partial N_i}{\partial x}$ und $\frac{\partial N_i}{\partial y}$ bestimmt werden.

Berechnet man nun die Verzerrungen des Elements für den ebenen Fall, so erhält man

$$\begin{bmatrix} \varepsilon_x \\ \varepsilon_y \\ \varepsilon_{xy} \end{bmatrix} = \begin{bmatrix} \frac{\partial N_i}{\partial x} & 0 \\ 0 & \frac{\partial N_i}{\partial y} \\ \frac{1}{2}\frac{\partial N_i}{\partial y} & \frac{1}{2}\frac{\partial N_i}{\partial x} \end{bmatrix} \cdot \begin{Bmatrix} u \\ v \end{Bmatrix} = J^{-1} \cdot B \cdot \begin{Bmatrix} u \\ v \end{Bmatrix} = H \cdot \begin{Bmatrix} u \\ v \end{Bmatrix}. \tag{56}$$

Die Spannungsverzerrungsbeziehung ist durch $\sigma = D\varepsilon$ gegeben und das Flächeninkrement $d_x d_y$ wird durch $\det |J|\, d\xi\, d\eta$ ersetzt. Weiter werden die Integrationsgrenzen +1 und -1. Damit ergibt sich

$$K = \int_{-1}^{+1} \int_{-1}^{+1} H^T D H \det|J| d\xi \; d\eta. \tag{57}$$

Die Matrix J, deren Inverse in H enthalten ist, ist selbst für den bilinearen Fall sehr kompliziert, ihre Elemente stellen rational gebrochene Funktionen dar. Die explizite Form von Gl. (57) ist üblicherweise unbekannt, sie wird deshalb durch numerische Integration bestimmt. Für die numerische Integration wird die Gaußsche Quadraturformel angewandt [45]. Damit ergibt sich als Näherungslösung für Gl. (57)

$$K = \sum_{\alpha=1}^{m} \sum_{\beta=1}^{m} \alpha_\alpha \alpha_\beta |J|_{\alpha,\beta} \; (H^T D H)_{\alpha,\beta}. \tag{58}$$

In Gl. (58) sind α, β Gaußsche Quadraturkoeffizienten und m die Anzahl der Quadraturknotenpunkte in jeder Richtung. Für m-Stützstellen wird bei diesem Verfahren ein Polynom der Ordnung 2m-1

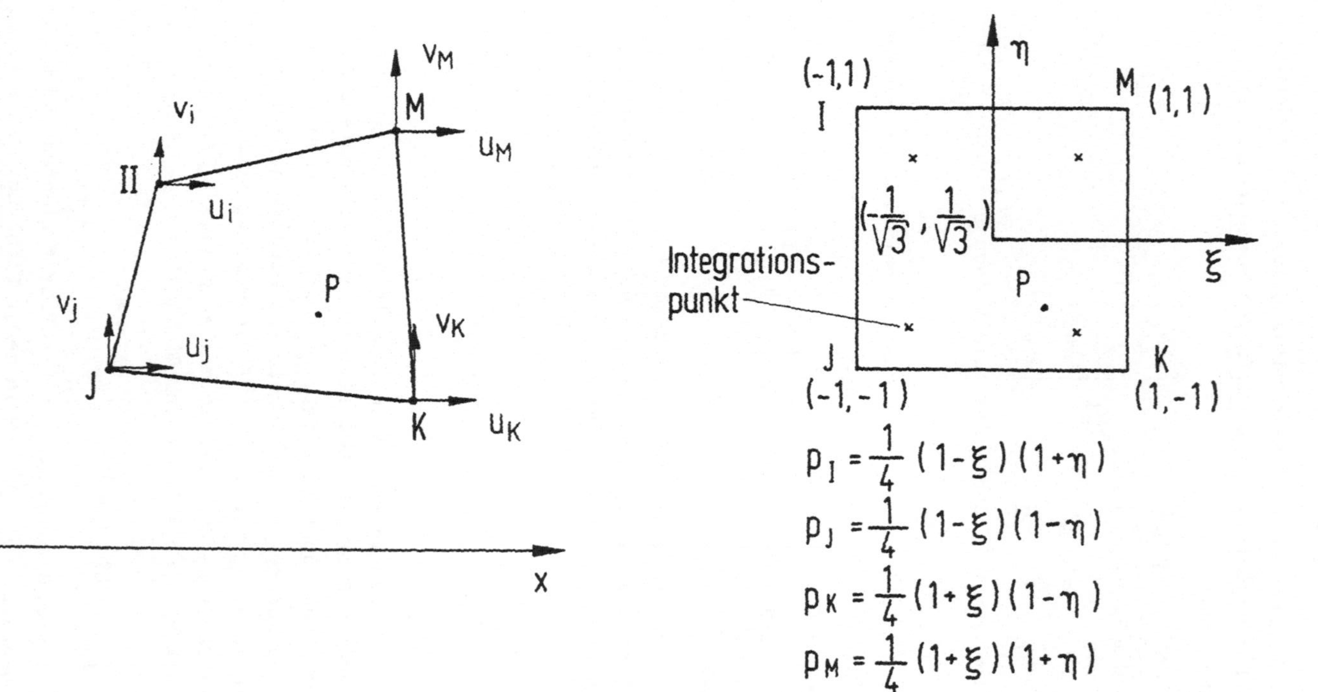

$$p_I = \frac{1}{4}(1-\xi)(1+\eta)$$
$$p_J = \frac{1}{4}(1-\xi)(1-\eta)$$
$$p_K = \frac{1}{4}(1+\xi)(1-\eta)$$
$$p_M = \frac{1}{4}(1+\xi)(1+\eta)$$
$$x_p = p_I \cdot x_I + p_J \cdot x_J + p_K \cdot x_K + p_M \cdot x_M$$

Bild 3: Isoparametrisches Viereckelement mit vier Knoten.

exakt integriert. Für das Element wurde deshalb m=2 als ausreichend betrachtet. Bild 3 zeigt die Lage der Integrationspunkte im Element.

Die hier gewählte Vorgehensweise hat wie beim Dreieck den Vorteil, daß die tatsächliche Lage des Elementes im x-y-System bei der Integration keine Rolle spielt, so daß die Programmierung sich dadurch sehr vereinfacht.

Betrachtet man den Verlauf der Dehnungen im Element, so erkennt man eine lineare Abhängigkeit der Dehnungen von den Koordinaten. Der in Gl. (53) dargestellten Formfunktionen $N(\xi, \eta)$ entspricht im x-y-System folgender Ansatz

$$u_x = a_1 + a_2 x + a_3 y + a_4 xy. \tag{59}$$

Damit ergibt sich z. B. für

$$\varepsilon_x = \frac{\partial u_x}{\partial x} = a_2 + a_4 y \tag{60}$$

eine lineare Abhängigkeit von den Koordinaten. Mit diesem Element kann deshalb die Dehnungsverteilung in einer Struktur etwas besser als mit dem konstanten Dehnungsansatz des einfachen Dreieckselementes angenähert werden. Die Berechnung der Dehnungen und Spannungen erfolgt an den vier Stützpunkten der numerischen Integration. Die Werte an den Knoten werden durch lineare Extrapolation bestimmt.

4.1.4.3 Elemente mit Mittenknoten

Das Prinzip der isoparametrischen Elemente läßt sich ohne Schwierigkeiten auf Elemente mit mehr Knotenpunkten pro Element ausdehnen. So ergeben sich z. B. bei einem Element mit Seitenmittenpunkten als Formfunktionen quadratische Funktionen. Da die Dehnungsverteilung durch die erste Ableitung der Verschiebungsfunktionen beschrieben werden, kann mit diesen höherwertigen Elementen die Dehnungsverteilung in einer Struktur genauer erfaßt werden. Die Verwendung von Elementen mit höheren Verschiebungsansätzen führt deshalb zu einer verbesserten Genauigkeit, d. h. es ist möglich, die Struktur mit weniger Elementen zu idealisieren, ohne an Genauigkeit zu verlieren. Als Beispiel ist in Bild 4 das Ausbreiten der plastischen Zone in einer quadratischen, ebenen Stauchprobe (ebener Verzerrungszustand) mit verschiedenen Elementen berechnet. Die Anzahl der Knotenpunkte ist bei allen Idealisierungen mit 25 angenommen. Die Anzahl der Elemente ergibt sich entsprechend. Obwohl dies bei den Viereckelementen mit 8 bzw. 9 Knotenpunkten zu einer sehr groben Idealisierung mit nur vier Elementen führt, umfaßt die plastische Zone bei allen Elementen in etwa denselben Bereich.

Den Vorteilen, die Elemente mit höheren Verschiebungsfunktionen gegenüber den einfachen Elementen mit linearem bzw. bilinearem Ansatz haben, stehen bei der Berechnung instationärer Vorgänge mit großen plastischen Verformungen einige schwerwiegende Nachteile entgegen.

Die Koordinaten der Seitenmittenknoten des Elementes sollten, um Schwierigkeiten bei der Abbildung des Elementes vom Einheitsquadrat in das reale Element zu vermeiden, etwa dem arithmetischen Mittel der Koordinaten der Eckpunkte entsprechen. Wandert der Mittenpunkt zu stark aus diesem Gebiet, ergeben sich bei der Invertierung der Jacobi-Matrix numerische Schwierigkeiten. Weiter kann die Abbildung unter Umständen nicht mehr eindeutig sein.

Bei der Berechnung von Umformvorgängen kann nun bereits eine geringe Umformung dazu führen, daß die Mittenknoten zu stark von den oben angeführten Bedingungen abweichen und das Element dadurch fehlerhafte Ergebnisse liefert. Eine Möglichkeit, diese Schwierigkeit zu umgehen, besteht in der Kopplung der Freiheitsgrade des Mittenknotens mit den Freiheitsgraden der Eckknoten und anschließender Raffung der Steifigkeitsmatrix. Diese Methode kann einerseits zu unerwünschten Zwangsbedingungen im System führen, zum anderen geht dadurch der Vorteil des Elementes, nämlich die höhere Verschiebungsfunktion, zum Teil wieder verloren.

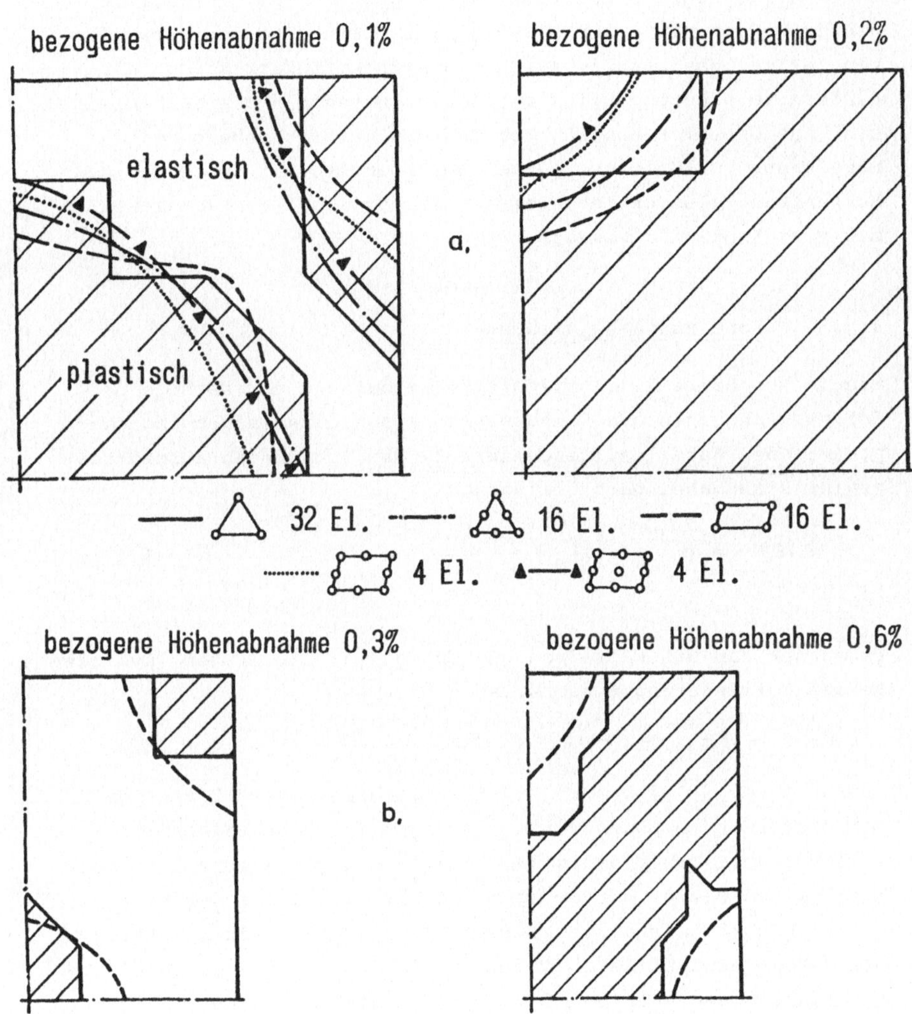

Bild 4: Ausbreiten der plastischen Zone, berechnet mit verschiedenen finiten Elementen, a) ebener Formänderungszustand, b) axialsymmetrischer Formänderungszustand.

Ein weiterer Nachteil dieser Elemente besteht in der, bedingt durch die erhöhte Anzahl von Knoten pro Element, wesentlich größeren Bandbreite der Steifigkeitsmatrix. Bei den verwendeten Zerlegungsverfahren für die Steifigkeitsmatrix geht die Bandbreite näherungsweise mit der 2. Potenz in die Rechenzeit ein. Aus den hier angeführten Gründen werden deshalb bei der Berechnung von Umformvorgängen nur Elemente mit Knoten an den Eckpunkten, also Dreieckelemente mit drei und Viereckelemente mit vier Knoten verwendet.

4.1.5 Kontinuitätsgleichung

Wie in Abschnitt 3.1.1 erläutert, werden bei der Methode der Anfangsspannungen die Dehnungen in einen elastischen und einen plastischen Anteil aufgespalten. In den Spannungen ausgedrückt ergibt sich dabei nach Gleichung (5)

$$d\{\varepsilon\} = D^{-1}\, d\{\sigma\} + d\bar{\lambda} \cdot \frac{\partial F}{\partial\{\sigma\}} \qquad (61)$$

Berechnet man mit Hilfe von Gleichung (61) die ersten Invariante des Formänderungstensors, so erhält man

$$d\varepsilon_{ii} = d\varepsilon_{ii}^{el} + d\varepsilon_{ii}^{pl} = 0 \quad \text{für } \nu = 0{,}5 \qquad (62)$$

Dabei ist $d\varepsilon_{ii}^{el} \neq 0$ für $\nu \neq 0{,}5$, wie leicht durch Einsetzen der einzelnen Komponenten in Gleichung (62) zu zeigen ist. Die 1. Invariante des plastischen Anteils dagegen (siehe Gleichung (10) wegen $\sigma'_{ii} = 0$) hat dagegen den Wert Null. Bei der hier verwendeten Vorgehensweise ist also für den plastischen Anteil die Inkompressibilitätsbedingung erfüllt, nicht dagegen für den elastischen Anteil der Dehnungen. Bezogen auf die hier verwendeten Elemente bedeutet dies, daß die Inkompressibilitätsbedingung des plastischen Anteils nur an den Punkten im Element streng erfüllt wird, an denen Spannungen berechnet werden. Dies sind beim Dreieck der Schwerpunkt, beim Viereck die vier Integrationspunkte.

Beim Berechnen von Umformproblemen ergibt sich deshalb bei dieser Vorgehensweise eine geringe Volumenänderung, die vor allem durch die elastische Kompressibilität verursacht wird. Wie verschiedene Beispielrechungen gezeigt haben, liegt diese Volumenänderung in der Regel unter 1 %. Dieser Wert zeigt, daß die plastische Inkompressibilitätsbedingung gut eingehalten wird.

Vollkommen inkompressibel verhält sich der Werkstoff dann, wenn die Querkontraktionszahl $\nu = 0,5$ ist. Dies führt allerdings auf die in Abschnitt 4.1.2 schon angedeuteten numerischen Schwierigkeiten. In der Regel genügt es, wenn man für diese Fälle mit einer Querkontraktionszahl $\nu \approx 0,5$ (z. B. 0,499) rechnet. Allerdings ergeben sich für ν-Werte, die zu nahe bei 0,5 liegen, ebenfalls wieder numerische Schwierigkeiten. Beispielrechnungen haben gezeigt, daß diese Schwierigkeiten bei dem hier verwendeten Programm bei $0,499 < \nu < 0,5$ auftraten.

Mit Hilfe einer reduzierten Integrationstechnik, wie in [46] beschrieben, lassen sich diese Schwierigkeiten vermeiden. Diese Methode wurde hier nicht näher untersucht.

4.1.6 Beschreibung des Rechenganges

Die Struktur wird in einem ersten Schritt elastisch belastet und das Element bzw. der Knotenpunkt mit der höchsten Vergleichsspannung ermittelt. Anschließend wird die Last so verändert, daß dieser Punkt die Fließgrenze erreicht.

Die Belastung wird nun inkrementweise erhöht. Das Lastinkrement sollte dabei nicht größer als 10 % der Last sein, die zum Erreichen der Fließspannung notwendig war. Die Berechnungen haben gezeigt, daß ein Wert von etwa 5 % sehr gut geeignet ist. Nach diesem Lastinkrement gibt es nun Gebiete, die schon plastisch waren, solche, die erst im Verlauf dieser Laststeigerung plastisch werden und solche, die elastisch bleiben. Durch lineare Interpolation wird der plastische Anteil der Dehnungen bestimmt.

In den Elementen bzw. Knoten, die auch nach der Laststeigerung elastisch bleiben, gilt weiterhin das Hookesche Gesetz. In den Elementen, die plastisch sind, erfüllt der Spannungszustand bei den Dehnungen das Fließgesetz nicht, da die Spannungs- und Dehnungsinkremente nach dem Hookeschen Gesetz errechnet wurden. Bei diesen Elementen wird nach Gl. (9) das plastische Spannungsinkrement berechnet. Man erhält also unausgeglichene Spannungen, die sich aus der Differenz zwischen elastischem und plastischem Spannungsinkrement bestimmen lassen. Die Struktur befindet sich also noch nicht im Gleichgewicht, da die Dehnungen für den gegebenen Spannungszustand zu klein sind. Um Gleichgewicht zu erhalten, muß iteriert werden. Zu diesem Zweck werden die unausgeglichenen Spannungen nach folgender Beziehung in äquivalente Knotenkräfte umgerechnet:

$$F_R = \int_V B^T(\sigma_{el} - \sigma_{pl})\, dV. \tag{63}$$

Die Struktur wird nun mit den in Gl. (63) berechneten Knotenkräften erneut belastet. Eine Lösung dieses Belastungsfalles mit dem elastischen Stoffgesetz liefert neue Spannungs- und Dehnungsinkremente, aus denen wieder plastische Inkremente und unausgeglichene Restspannungen bestimmt werden. Diese unausgeglichenen Spannungen werden nun wieder in Knotenkräfte umgerechnet, mit denen die Struktur neu belastet wird usw. Die Iteration wird abgebrochen, wenn die Restkräfte unter eine vorgegebene Schranke gesunken sind. Anschließend wird die Belastung um ein weiteres Lastinkrement erhöht und die Iteration innerhalb des Lastinkrements wiederholt.

Wie aus der Beschreibung des Rechenganges ersichtlich, sind sehr viele Lastschritte erforderlich, um nennenswerte plastische Verformungen zu erreichen. Es ist deshalb notwendig, die Anzahl der Iterationen pro Lastschritt klein zu halten, damit die Rechenzeit in vertretbaren Grenzen gehalten werden kann. Es wird deshalb ein modifiziertes Newton-Raphson-Verfahren zur Beschleunigung der Konvergenz, d. h. zur Minimierung der Iterationen pro Lastschritt angewandt. Sei u_i die Gesamtverschiebung beim i-ten Lastinkrement, dann läßt sich die Verschiebung beim i+1ten Lastinkrement mit

$$u_{i+1} = u_i + \Delta u \tag{64}$$

bestimmen. Dabei ist

$$\Delta u = (u_i - u_{i-1}) + \sum_{j=1}^{n} K_o^{-1} F_{R_j} . \tag{65}$$

In Gl. (65) ist j die Anzahl der Iterationen pro Lastschritt, K_o ist die Ausgangssteifigkeitsmatrix, F sind die Restknotenkräfte. Bild 5 a zeigt die prinzipielle Vorgehensweise bei diesem Verfahren.
Als Anfangswerte für die Verschiebungsinkremente bei i+1ten Lastinkrement werden die ausiterierten Verschiebungsinkremente des i-ten Lastschrittes verwendet.

Durch eine Vergrößerung der Dehnungen vor der Spannungsberechnung läßt sich ebenfalls eine Beschleunigung der Iteration erreichen. Der Faktor für die Vergrößerung der Dehungen wird mit Hilfe eines Newton-Verfahrens, das auf die während der Iteration auftretenden Restkräfte angewandt wird, abgeschätzt [17]. Bild 5 b zeigt eine Prinzipskizze des Vorganges. Als bester Wert für die Beschleunigung hat sich dabei der arithmetische Mittelwert der einzelnen Faktoren erwiesen. Gute Ergebnisse wurden auch mit einem konstanten Faktor von 1,8 erzielt.

Die Anwendung des modifizierten Newton-Raphson-Verfahrens hat gegenüber dem klassischen Newton-Raphson-Verfahren den Vorteil, daß die Steifigkeitsmatrix nur bei Beginn der Iteration innerhalb eines Lastinkrements in ihre Dreiecksform zerlegt werden muß, während beim klassischen Verfahren die Steifigkeitsmatrix bei jedem Iterationsschritt neu aufgestellt und zerlegt werden muß. Zwar benötigt das klassische Verfahren weniger Iterationen, das Aufstellen und Zerlegen der Steifigkeitsmatrix benötigt allerdings bei großen Strukturen wesentlich mehr Rechenzeit, als das Vorwärts-Rückwärts-Einsetzen des Lastvektors in die zu Beginn der Iteration zerlegte Dreiecksmatrix beim modifizierten Verfahren.

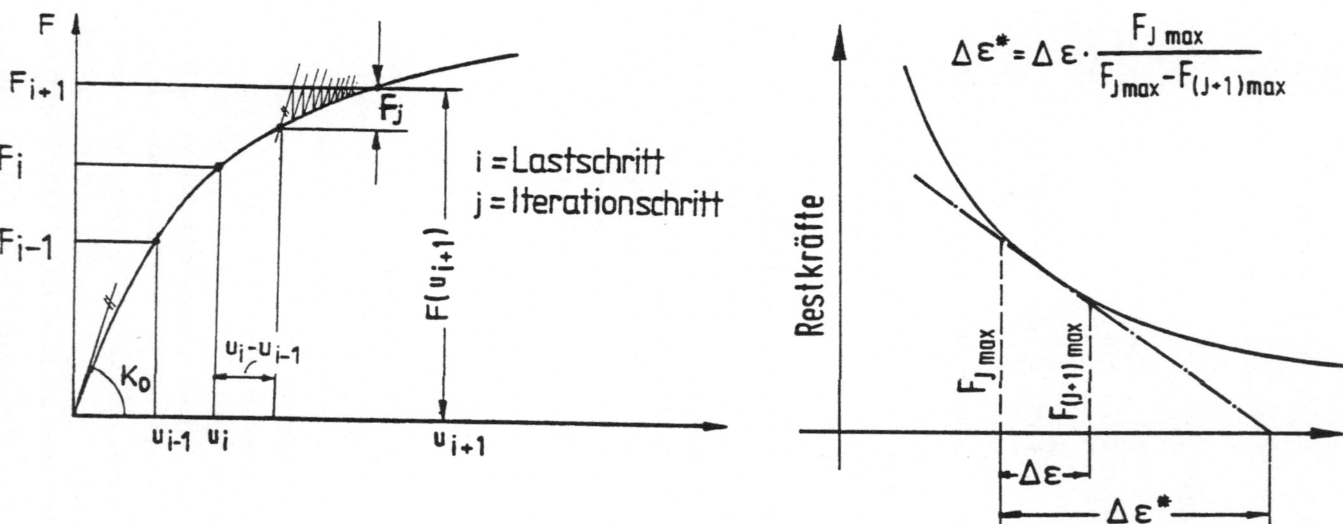

Bild 5: a) Schema des modifizierten Newton-Raphson-Verfahrens,
b) Konvergenzbeschleunigung innerhalb des Lastschrittes.

Zu Beginn der Iteration ergeben sich sehr große Restkräfte, da die Struktur vor allem in den nicht belasteten Teilen sehr stark im Ungleichgewicht ist. Es empfiehlt sich deshalb aus Gründen der numerischen Stabilität eine zusätzliche numerische Dämpfung, die die Form

$$F_{j+1} = (1-\rho)\, F_j + \rho \cdot F_{j+1} \qquad (0{,}5 < \rho < 0{,}8) \tag{66}$$

hat, zu verwenden. Dabei stellen F_{j+1} und F_j die Lastvektoren des jetzigen bzw. des vorherigen Iterationsschrittes dar.

Mit den hier vorgestellten Konvergenzbeschleunigungsmethoden wurde bei den Berechnungsbeispielen beim 1. Lastinkrement Konvergenz nach etwa 10 bis 15 Iterationen, in jedem weiteren Lastinkrement nach 2 bis 3 Iterationen erreicht.

Wie schon erwähnt, wird die Iteration abgebrochen, wenn die Restknotenkräfte unter eine vorgegebene Schranke sinken. Diese Schranke darf aus numerischen Gründen nicht exakt Null sein. Als sinnvoller Wert hat sich 1 % der maximal auftretenden Knotenkräfte erwiesen. Man begeht also bei jedem Lastinkrement einen Fehler, da die Gleichgewichtsbedingungen nicht exakt erfüllt sind. Aus Gründen der Fehlerunterdrückung ist es sinnvoll, diese nicht ausgeglichenen Kräfte als neue Belastung im nächsten Lastinkrement der Struktur zusätzlich aufzuprägen.

Die Methode der Anfangsspannungen divergiert, abgesehen vom Sonderfall eines ideal-plastischen, statisch bestimmten Tragwerks, niemals. Bei verfestigenden Werkstoffen kann durch die erwähnten Konvergenzbeschleunigungsverfahren in jedem Fall eine Konvergenz erzwungen werden [47].

4.2 Finite-Element-Verfahren mit starr-plastischem Werkstoffmodell

Wie in Abschnitt 3.1.2 schon kurz dargestellt, liegt der hier verwendeten FE-Methode das Verfahren der oberen Schranke zugrunde. Fügt man dem Funktional die Inkompressibilitätsbedingung mit Hilfe der Langrangeschen Parameterfunktion hinzu, erhält man das in Gl. (13) dargestellte Funktional

$$\pi' = \int\limits_V k_f \cdot \dot{\varepsilon}_v dV + \int\limits_V \sigma_m \varepsilon_{ii} dV - \int\limits_S n_i \sigma_{ij} v_j dS = \text{stat.} \qquad (67)$$

Durch Variation der Geschwindigkeit und der Spannung σ_m erhält man als Lösung ein Geschwindigkeitsfeld, das Gl. (67) stationär macht.

Die für das Variationsproblem zulässigen Geschwindigkeitsfelder brauchen nur stückweise stetig differenzierbar zu sein und an der Oberfläche die Randbedingungen zu erfüllen. Werden bei Verwendung der Methode der Finiten Elemente die Knotenpunkte so gewählt, daß das Geschwindigkeitsfeld $\{u\}$ auf jedem Rand zwischen zwei benachbarten Elementen durch die zu diesem Rand gehörenden Knotenpunktsgeschwindigkeiten eindeutig bestimmt ist, genügt dieses Geschwindigkeitsfeld den oben angeführten Stetigkeitsbedingungen. Diese Beziehungen zwischen den Knotenpunktsgeschwindigkeiten sind nicht mit allen Potenzreihenansätzen, die bei finiten Elementen verwendet werden, erfüllbar. Geeignete Ansätze nennt man bei Dreieckselementen drehinvariant, bei Viereckelementen vollständig. Die isoparametrischen Elemente zählen zur Klasse der vollständigen Ansätze.

Die Inkompressibilitätsbedingung muß deshalb Gl. (67) mit Hilfe einer Lagrangeschen Parameterfunktion beigefügt werden, weil volumenkonstante Ansätze weder drehinvariant noch vollständig sind. Der Grund liegt darin, daß über die Bindungsgleichungen zur Erfüllung der Volumenkonstanz Knotenpunktsgeschwindigkeiten die Geschwindigkeitsverteilung auf dem Rand zwischen zwei benachbarten Elementen beeinflussen, die nicht zu diesem Rand gehören.

Die Näherungslösung für die Lagrange-Funktion kann man so ansetzen, daß der Näherungsansatz für das Geschwindigkeitsfeld in jedem Punkt des Bereiches V volumenkonstant wird.

Verwendet man die üblichen Darstellungen der Formfunktionen für die Geschwindigkeiten (die hier die Rolle der Verschiebungen übernommen haben), so erhält man

$$\dot{\varepsilon}_{ii} = (\frac{\partial N}{\partial x}, \frac{\partial N}{\partial y}, \frac{\partial N}{\partial z}) \{u\} = 0 \qquad (68)$$

oder in Matrix-Schreibweise

$$\int \dot{\varepsilon}_{ii} \, \sigma_m dV = \int_V C \, B^T \sigma_m \, dV = \int_V G^T \sigma_m dV = Q \cdot \sigma_m \, . \qquad (69)$$

Dabei ist B die in Gl. (40) definierte Verzerrungs-Verschiebungsmatrix, C eine Diagonalmatrix, die die einzelnen Hauptdehnungen miteinander verknüpft.

Verwendet man die aus dem v. Misesschen Stoffgesetz folgenden Beziehungen in Matrixschreibweise, z. B.

$$\dot{\varepsilon}_v = (\frac{2}{3}\{\dot{\varepsilon}\}^T \cdot D_F \cdot \{\dot{\varepsilon}\})^{1/2} ; \quad \dot{\varepsilon}_{ij} = \frac{\sqrt{I_2}}{K} \sigma'_{ij} \qquad (70)$$

mit D_F als sog. "Fließmatrix" sowie die in der Finiten-Element-Methode übliche Verzerrungs-Verschiebungs-Matrix B und setzt sie in Gl. (67) ein, so erhält man

$$\pi' = \int_V k_f \, (\frac{2}{3}\{u\}^T [K] \, \{u\})^{1/2} dV + \int_V \sigma_m \, G^T \cdot \{u\} \, dV - \int_S n_i \sigma_{ij} v_j dS = \text{stat} \qquad (71)$$

$$\text{mit } [K] = B^T D_F \, B .$$

Differenziert man Gl. (71) nach u und σ_m, so erhält man

$$\frac{\partial \pi'}{\partial u} = \sqrt{\frac{2}{3}} \cdot \int_V k_f \cdot (\{u\}^T K \{u\})^{-1/2} K \{u\} dV + \int_V \sigma_m G^T \, dV - \int_S n_i \sigma_{ij} dS = 0 \qquad (72)$$

$$\frac{\partial \pi'}{\partial \sigma_m} = \int_V G\{u\} dV = 0 . \qquad (73)$$

Gl. (72) ist, bedingt durch das v. Misessche Stoffgesetz in den Geschwindigkeiten nichtlinear. Diese nichtlineare Gleichungssystem wird durch Entwicklung um ein angenommenes Geschwindigkeitsfeld und Abbruch nach dem ersten Glied linearisiert. Man erhält damit für eine kleine Störung folgendes Gleichungssystem.

$$\begin{bmatrix} P_n & Q^T \\ Q & 0 \end{bmatrix} \cdot \begin{bmatrix} \Delta u_{n+1} \\ \frac{\sigma_m}{k_f} \end{bmatrix} = \begin{bmatrix} -H_n \\ G \cdot u_n \end{bmatrix} + \frac{1}{k_f} \begin{vmatrix} F \\ 0 \end{vmatrix}$$

$$P_n = \frac{2}{3} \int_V \frac{1}{\dot{\varepsilon}_{V(n)}} \cdot \left[K - \frac{2\, b_n \cdot b_n^T}{3\, \dot{\varepsilon}^2_{V(n)}} \right] dV$$

$$b_n = K \cdot u_n \tag{74}$$

$$H_n = \frac{2}{3} \int_V \frac{1}{\dot{\varepsilon}_{v(n)}} \cdot b_{(n)}\, dV$$

$$F = \int_S n_i \cdot \mu\, \sigma_{ij} \cdot \mathrm{sign}\,(u_{j(n)})\, dS$$

$$u_{n+1} = u_n + \Delta u_{n+1}$$

Gl. (74) stellt ein lineares Gleichungssystem dar, dessen Lösung ohne Schwierigkeiten möglich ist. Als Lösung ergeben sich Knotenpunktsgeschwindigkeiten, die, ausgehend von dem angenommenen Geschwindigkeitsfeld iterativ ermittelt werden, sowie hydrostatische Drücke. Durch Einsetzen der errechneten Werte in die v. Misesschen Gleichungen lassen sich daraus Spannungen und Verzerrungsgeschwindigkeiten bestimmen.

4.2.1 Anwendung auf den ebenen Spannungszustand

Im ebenen Spannungszustand wird für den Spannungs- und den Verzerrungsgeschwindigkeitsvektor folgende Form gewählt

$$\sigma = [\sigma_x, \sigma_y, \sqrt{2}\, \sigma_{xy}]$$
$$\dot{\varepsilon} = [\dot{\varepsilon}_x, \dot{\varepsilon}_y, \sqrt{2}\, \dot{\varepsilon}_{xy}] \tag{75}$$

Die Matrix D_F ergibt sich damit zu

$$D_F = \begin{vmatrix} 1 & 2 & 0 \\ 2 & 1 & 0 \\ 0 & 0 & 1 \end{vmatrix} \tag{76}$$

wie durch Einsetzen in die v. Misesschen Gleichungen leicht bestätigt werden kann.

Für die Knotinuitätsbedingung ergibt sich

$$\dot{\varepsilon}_{ii} = \dot{\varepsilon}_x + \varepsilon_y + \dot{\varepsilon}_z = 0 \Rightarrow \dot{\varepsilon}_z = -(\dot{\varepsilon}_x + \dot{\varepsilon}_y) \tag{77}$$

Beim ebenen Spannungszustand ist es also nicht erforderlich, die Inkompressibilitätsbedingung mit Hilfe der Lagrangeschen Parameterfunktion zu erfüllen. Diese Bedingung wird hier vielmehr durch Bestimmung des nicht festgelegten $\dot{\varepsilon}_z$ erfüllt. Mit Hilfe von $\dot{\varepsilon}_z$ läßt sich der hydrostatische Druck σ_m bestimmen. Das Gleichungssystem (74) vereinfacht sich dadurch erheblich.

4.2.2 Anwendung auf ebenen Verzerrungszustand

Im ebenen Verzerrungszustand wird für die Darstellung des Spannungs- bzw. Verzerrungsgeschwindigkeitsvektors folgende Form gewählt

$$\begin{aligned} \sigma &= [\sigma_x, \sigma_y, \sqrt{2}\,\sigma_{xy}] \\ \dot{\varepsilon} &= [\dot{\varepsilon}_x, \dot{\varepsilon}_y, \sqrt{2}\,\dot{\varepsilon}_{xy}] \end{aligned} \tag{78}$$

mit $\dot{\varepsilon}_z = 0$ und $\sigma_z = 0{,}5\,(\sigma_x + \sigma_y)$.

Die Matrix D_F ist damit, wie durch Einsetzen leicht bestätigt werden kann

$$D_F = \begin{vmatrix} 1 & 0 & 0 \\ 0 & 1 & 0 \\ 0 & 0 & 1 \end{vmatrix} \tag{79}$$

eine Einheitsmatrix.

Die Inkompressibilitätsbedingung

$$\dot{\varepsilon}_{ii} = \dot{\varepsilon}_x + \dot{\varepsilon}_y = 0 \tag{80}$$

kann in diesem Fall nur durch Einführen der Lagrangeschen Zusatzbedingung erfüllt werden.

4.2.3 Anwendung auf axialsymmetrischen Spannungszustand

Hier wurde für die einzelnen Vektoren folgende Form gewählt

$$\sigma = [\sigma_z, \sigma_r, \sigma_\vartheta, \sqrt{2}\,\sigma_{rz}]$$
$$\dot{\varepsilon} = [\dot{\varepsilon}_z, \dot{\varepsilon}_r, \dot{\varepsilon}_\vartheta, \sqrt{2}\,\dot{\varepsilon}_{rz}]. \quad (81)$$

Die Matrix D_F ist damit ebenfalls eine Einheitsmatrix

$$D_F = \begin{vmatrix} 1 & 0 & 0 & 0 \\ 0 & 1 & 0 & 0 \\ 0 & 0 & 1 & 0 \\ 0 & 0 & 0 & 1 \end{vmatrix}. \quad (82)$$

Die Inkompressibilitätsbedingung

$$\dot{\varepsilon}_{ii} = \dot{\varepsilon}_z + \dot{\varepsilon}_r + \dot{\varepsilon}_\vartheta = 0 \quad (83)$$

kann hier ebenfalls nur durch Einführen einer Lagrangeschen Zusatzbeziehung erfüllt werden. Die übrigen Matrizen, wie z. B. Verzerrungs-Verschiebungsmatrix, sind analog zu den in Abschnitt 4.1.1 bis 4.1.3 gegebenen Definitionen bestimmt.

4.2.4 Elementanalyse

Wie bei der Methode der Anfangsspannungen werden das Dreieckelement mit drei Knoten sowie das Viereckelement mit vier Knoten verwendet. Bezüglich der Ansatzfunktionen, Integration der Elemente usw. wird auf Bild 2 und Bild 3 verwiesen. Zusätzlich zu den dort gegebenen Erläuterungen soll in diesem Abschnitt die Verwirklichung der Inkompressibilitätsbedingung in den einzelnen Elementen behandelt werden.

4.2.4.1 Dreieckelement mit drei Knoten

Die Inkompressibilitätsbedingung stellt eine Zwangsbedingung dar, die die Komponenten des Geschwindigkeitsvektors in einem Element miteinander verknüpft. Bei der Verwirklichung dieser Zwangsbedingung erhält man damit in dem Element als Unbekannte die Geschwindigkeiten und den hydrostatischen Druck. Physikalisch läßt sich der hydrostatische Druck als der Druck interpretieren, der erforderlich ist, um das Element an einer Volumenänderung zu hindern. Man bezeichnet Elemente, bei denen Verschiebungen und Spannungen als Unbekannte auftreten, als hybride Elemente.

Für das Dreieck mit seinem linearen Verschiebungsansatz

$$\begin{aligned} u_x &= a_o + a_1 x + a_2 y \\ u_y &= b_o + b_1 x + b_2 y \end{aligned} \tag{84}$$

führt die Inkompressibilitätsbedingung zu

$$\dot{\varepsilon}_{ii} = \frac{\partial u_x}{\partial x} + \frac{\partial u_y}{\partial y} = a_1 + b_2 = 0 \Rightarrow a_1 = - b_2 \tag{85}$$

d. h. durch die Zwangsbedingung der Inkompressibilität ist die Anzahl der freien Parameter im Dreieck reduziert. Diese Tatsache stellt eine erhebliche Einschränkung in der Anwendung des inkompressiblen linearen Dreieckselementes mit drei Knoten dar. Bei ungünstiger Anordnung der Elemente kann die Inkompressibilität zur Folge haben, daß die Elemente aus rein numerischen Gründen vollkommen starr erscheinen und nur noch Starrkörperverschiebungen ausführen können. Diese Schwierigkeiten lassen sich an einem einfachen Beispiel leicht demonstrieren.

Eine quadratische, symmetrische Struktur sei regelmäßig in Dreiecke, wobei je zwei Dreiecke ein Quadrat bilden sollen, aufgeteilt, mit n Knotenpunkten an jeder Quadratseite. Die Struktur hat damit, wie leicht nachzuvollziehen ist, $n \cdot n$ Knotenpunkte und $2 \cdot n \cdot n$ Elemente. Bei zwei Freiheitsgraden pro Knotenpunkt ergeben sich damit $2 \cdot n \cdot n$ Freiheitsgrade in der Struktur. Die Inkompressibilitätsbedingung (eine pro Element) führt auf $2 \cdot n \cdot n$ Zwangsbedingungen. Hat die Struktur nun noch zusätzlich m kinematische Randbedingungen, so beträgt die Zahl der Freiheitsgrade in der Struktur $2 \cdot n \cdot n - m$. Die Struktur hat in diesem Fall also weniger Freiheitsgrade als Zwangsbedingungen, sie wird sich zwar inkompressibel, aber physikalisch unsinnig verhalten, da das Gleichungssystem überbestimmt ist.

Eine Möglichkeit, diese Schwierigkeit zu umgehen, besteht darin, jeweils zwei benachbarten Dreieckselementen nur eine gemeinsame

Inkompressibilitätsbedingung zuzuordnen, wie dies z. B. in [25] bei dem dort verwendeten Stromfadenelement verwirklicht wurde.

Durch Unterintegration kann derselbe Effekt erreicht werden. Mit beiden Maßnahmen wird die Zwangsbedingung abgeschwächt. Dies hat zur Folge, daß die Inkompressibilität elementweise, nicht aber exakt an jedem einzelnen Knotenpunkt eingehalten werden kann.

Aus den angeführten Gründen sollte deshalb das lineare inkompressible Dreieckelement mit drei Knoten sehr sparsam und nur in Fällen, in denen die Struktur ohne Verwendung von Dreieckelementen nicht beschrieben werden kann, eingesetzt werden.

4.2.4.2 Viereckelement mit vier Knoten

Aus der im vorherigen Abschnitt beschriebenen Problematik läßt sich der Schluß ziehen, daß bei inkompressiblen Elementen numerische Schwierigkeiten zu erwarten sind, wenn das Verhältnis von Freiheitsgraden zu Zwangsbedingungen den Wert < 1 erreicht. Auf das Viereckelement angewandt, ergibt sich daraus, daß es sinnvoll ist, nur eine Zwangsbedingung pro Element anzunehmen. Wendet man diese Überlegung auf das im vorherigen Abschnitt diskutierte Beispiel an, so erhält man bei derselben Idealisierung $2\,n\,n - m$ Freiheitsgrade und $n \cdot n$ Zwangsbedingungen. Das Verhältnis von Freiheitsgraden zu Zwangsbedingungen ist damit kleiner als 2, aber wesentlich größer als 1. Mit dieser Annahme wird das Gleichungssystem nicht überbestimmt. Nur wenn die Anzahl der kinematischen Randbedingungen größer als n wird, ergeben sich numerische Schwierigkeiten. Allerdings ist eine solche Struktur mit derart vielen Randbedingungen nicht sehr realistisch.

Bei der Verwendung des Viereckelementes mit einer Zwangsbedingung pro Element ergeben sich damit in der Regel keine numerischen Probleme. Die Annahme von einer Zwangsbedingung pro Element führt auf eine konstante Verteilung des hydrostatischen Druckes im Element. Die Inkompressibilitätsbedingung wird also wieder nur global im Element und nur näherungsweise an den Knotenpunkten erfüllt.

Aus den hier angestellten Betrachtungen läßt sich der Schluß ziehen, daß die Ansatzfunktion für den hydrostatischen Druck einen Grad niedriger als die Ansatzfunktion für die Spannungsverteilung sein sollte, um numerische Schwierigkeiten zu vermeiden. Bei dem hier diskutierten Element hat der bilineare Verschiebungsansatz eine praktisch lineare Spannungsverteilung und damit einen konstanten hydrostatischen Druck im Element zur Folge. Für eine ausführliche Diskussion dieser Problematik sei auf [41, 42, 43] verwiesen.

Eine Verwendung von Elementen mit Mittenknoten wurde auch beim starr-plastischen Werkstoffmodell aus den in Abschnitt 4.1.4.3 erläuterten Gründen als nicht sinnvoll angesehen.

4.2.5 Beschreibung des Rechenganges

4.2.5.1 Instationäre Umformvorgänge

Wie in Gl. (74) gezeigt, wird das nichtlineare Gleichungssystem um ein angenommenes Geschwindigkeitsfeld in eine Reihe entwickelt und nach dem 1. Glied abgebrochen. Die Lösung wird anschließend durch Iteration bestimmt.

Das Problem bei dieser Lösungsstrategie besteht nun im Finden eines geeigneten Anfangsgeschwindigkeitsfeldes. Je näher dieses Anfangsgeschwindigkeitsfeld bei der wahren Lösung liegt, umso weniger Iterationen benötigt man, um das richtige Geschwindigkeitsfeld zu finden. Eine Möglichkeit, eine Anfangslösung zu finden, stellen Versuche und die Methode der Versioplasticity [60] dar. Für die praktische Anwendung des Verfahrens hat sich diese Methode allerdings als sehr umständlich und aufwendig erwiesen. Deshalb wird das Anfangsgeschwindigkeitsfeld auf folgende Weise bestimmt.

Die Gleichungen des Fließgesetzes (70) werden durch die Beziehungen

$$\dot{\varepsilon}_{ij} = f\,(x)\,\sigma'_{ij} \tag{86}$$

ersetzt, in denen f (x) eine Funktion der Ortskoordinaten ist. Dieses Stoffgesetz führt, wenn es in Gl. (74) eingesetzt wird, auf ein lineares Gleichungssystem. Die Funktion f (x) wird in unserem Fall als konstant mit dem Wert $\frac{1}{k}$ angenommen, wobei k die Schubfließgrenze des Werkstoffes darstellt. Betrachtet man den reibungsfreien Fall und setzt Gl. (86) in Gl. (74) ein und differenziert nach u und σ_m, so erhält man

$$\left|\begin{array}{c|c} \frac{2k_f}{3\sqrt{3}}\cdot K & Q^T \\ \hline Q & 0 \end{array}\right| \left|\begin{array}{c} u \\ \hline \frac{\sigma_m}{\sigma_v} \end{array}\right| = \left|\begin{array}{c} 0 \\ \hline 0 \end{array}\right| \tag{87}$$

mit $k = k_f/\sqrt{3}$.

Dieses Gleichungssystem ist linear in den Geschwindigkeiten und im hydrostatischen Druck. Seine Lösung liefert ein Geschwindigkeitsfeld, das die Randbedingungen sowie die Inkompressibilitätsbedingung erfüllt, im Sinne der oberen Schranke damit ein zulässiges Geschwindigkeitsfeld darstellt. Ausgehend von diesem Geschwindigkeitsfeld wird die Lösung nun gemäß Gl. (74) auf iterativem Weg bestimmt. Aus dem so ermittelten Geschwindigkeitsfeld lassen sich nun mit Hilfe der Geschwindigkeitsverzerrungsbeziehungen die Verzerrungsgeschwindigkeiten und durch Einsetzen der Verzerrungsgeschwindigkeiten in das v. Misessche Stoffgesetz die Spannungen in der Struktur berechnen.

Die Verschiebungen in der Struktur werden nun durch Integration der Geschwindigkeiten bestimmt. Die Integration über die Zeit wird dabei durch eine einfache Summation ersetzt.

$$\begin{aligned} x_i &= \int_{t_o}^{t_1} u_i dt \approx \Sigma\, u_i \cdot \Delta t \\ \varepsilon &= \int_{t_o}^{t_1} \dot{\varepsilon} \cdot dt \approx \Sigma \dot{\varepsilon}\, \Delta t. \end{aligned} \tag{88}$$

Der instationäre Umformvorgang wird damit durch eine Anzahl quasi-stationärer Inkremente beschrieben.

Die Lösung des n-ten Inkrementes wird nun als Anfangslösung für das n + 1te Inkrement verwendet, die Lösung des n + 1ten Inkrementes wird wieder iterativ bestimmt, anschließend wird die neue Geometrie bestimmt usw.

Bei der beschriebenen Vorgehensweise handelt es sich im Sinne der Kontinuumsmechanik um eine kombinierte Euler-Update-Lagrange-Formulierung. Die Geschwindigkeiten, Verzerrungsgeschwindigkeiten werden in der umgeformten Struktur definiert und auf diese Struktur bezogen. Größen wie Dehnungen, Vergleichsumformgrad werden auf die Ausgangsstruktur bezogen.

Der Fehler, den man bei der Aufteilung des instationären Umformvorgangs in eine Folge von quasistationären Schritten begeht, hängt von der Größe des verwendeten Zeitschrittes ab.

In [34] ist z. B. für das Stauchen einer kreiszylindrischen Probe der Höhe H_o und dem Durchmesser D_o mit der Werkzeuggeschwindigkeit v_z als Volumendifferenz zwischen zwei Inkrementen folgende Beziehung angegeben.

$$V_o - V'_o = \frac{\pi D_o^2}{4} \left(\frac{3}{4} \frac{\Delta h^2}{H_o^2} + \frac{\Delta h^3}{4 H_o^2} \right) \tag{89}$$

mit $\Delta h = \Delta t \; v_z$.

Diese Volumendifferenz resultiert aus der Näherungsbeziehung (88), die Inkompressibilitätsbedingung in Gl. (67) wird davon nicht berührt. Vielmehr ergibt sich in jedem Inkrement ein inkompressibles Geschwindigkeitsfeld. Diese Änderung des Volumens, die durch geeignete Wahl der Werte von Δt beliebig klein gehalten werden kann, ergibt ebenfalls eine geringe Abweichung bei den Umformkräften.

4.2.5.2 Stationäre Umformvorgänge

Bei der Berechnung eines stationären Umformvorganges wird die Vorgehensweise etwas geändert. Im Gegensatz zur Berechnung von instationären Vorgängen, bei denen das FE-Modell mit dem Werkstück gekoppelt ist und sich bei jedem Zeitschritt mitver-

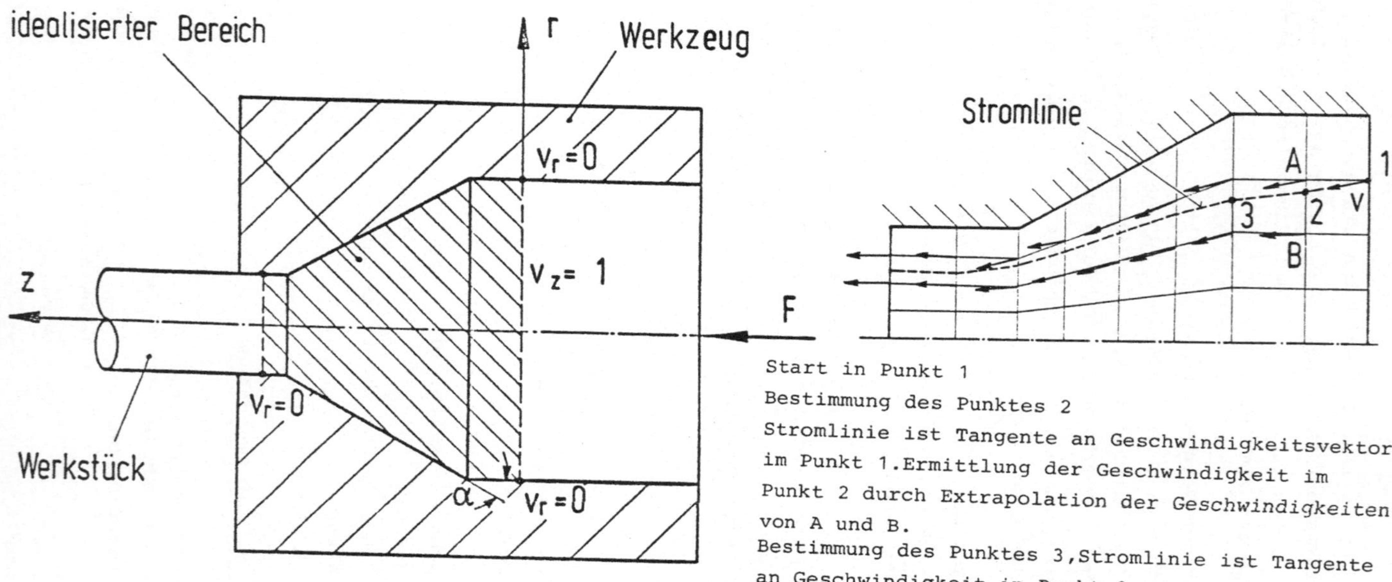

Start in Punkt 1
Bestimmung des Punktes 2
Stromlinie ist Tangente an Geschwindigkeitsvektor im Punkt 1.Ermittlung der Geschwindigkeit im Punkt 2 durch Extrapolation der Geschwindigkeiten von A und B.
Bestimmung des Punktes 3,Stromlinie ist Tangente an Geschwindigkeit in Punkt 2 usw...

Bild 6: a) Prinzipielle Vorgehensweise bei der Berechnung stationärer Vorgängen, b) Bestimmung der Stromlinien.

formt, wird hier ein Modell gewählt, bei dem der Werkstoff durch ein raumfestes Gitter fließt. Bild 6a zeigt die prinzipielle Vorgehensweise am Beispiel des Voll-Vorwärts-Fließpressens.

Der Vergleichsumformgrad wird durch Integration längs der Stromlinien bestimmt.

$$\varepsilon_v = \int_S \frac{\dot{\varepsilon}_v}{u}\, dS\,. \tag{90}$$

Das Anfangsgeschwindigkeitsfeld wird, wie in Abschnitt 4.2.5.1 beschrieben, bestimmt. Anschließend werden nach jedem Iterationsschritt, beginnend von den Punkten am Einlauf, die Stromlinien bestimmt und der Vergleichsumformgrad durch numerische Integration gemäß Gl. (90) ermittelt. Da die Stromlinien in der Regel nicht identisch mit der Idealisierung sind, werden die Werte auf die Knotenpunkte extrapoliert. Bild 6b zeigt die Vorgehensweise bei der Bestimmung der Stromlinien.

Diese Vorgehensweise hat sich besser bewährt als das in [25] vorgeschlagene Verfahren, bei der die Idealisierung dem Verlauf der Stromlinien angepaßt wird. Dies hat bei großen Schulteröffnungswinkeln zu Schwierigkeiten geführt, da durch diese Vorgehensweise numerische Schwierigkeiten entstehen können, die aus der schlechten Netzaufteilung resultieren.

4.2.6 Behandlung starrer Gebiete

Das in Gl. (11) formulierte Funktional der oberen Schranke gilt nur für plastische Gebiete. Bei der Berechnung von Umformvorgängen ist die Umformzone in der Regel nicht bekannt. Die Berechnungsmethode muß also in der Lage sein, während des Iterationsvorganges starre Gebiete zu erkennen und von den plastischen Gebieten zu trennen.

Das hier verwendete Stoffgesetz von v. Mises hat allgemein die Form

$$\begin{aligned} \dot{\varepsilon}_{ij} &= \lambda \cdot \sigma'_{ij} && \text{für} \quad J_2 = k^2 \\ \dot{\varepsilon}_{ij} &= 0 && \text{für} \quad J_2 < k^2\,. \end{aligned} \tag{91}$$

Im starren Gebiet ist damit der Formänderungsgeschwindigkeitstensor Null und demzufolge auch seine Invarianten. Wie aus Gl. (74) ersichtlich, führt dies bei der Bestimmung der Steifigkeitsmatrix zu numerischen Schwierigkeiten, da die Matrixelementen für $\dot{\varepsilon}_V = 0$ unendlich werden. Aus diesem Grund wird eine Schranke eingeführt, die sich aus der bezogenen mittleren Vergleichsformänderungsgeschwindigkeit berechnet

$$\dot{\varepsilon}_{Vg} = \frac{1}{V} \int_V \dot{\varepsilon}_V dV. \tag{92}$$

Für die Unterscheidung in starre und plastische Gebiete gilt nun folgende Vereinbarung

$$\begin{aligned} &\text{starr:} && \dot{\varepsilon}_V < 10^{-3} \cdot \dot{\varepsilon}_{Vg} \\ &\text{plastisch:} && \dot{\varepsilon}_V > 10^{-3} \dot{\varepsilon}_{Vg}. \end{aligned} \tag{93}$$

Weiter wird für die Fließspannung im starren Bereich folgende Vereinbarung getroffen.

$$k_{fstarr} = k_f \cdot \dot{\varepsilon}_V / \varepsilon_{Vg} \quad \text{für } \dot{\varepsilon}_V < 10^{-3} \dot{\varepsilon}_{Vg}. \tag{94}$$

Anstelle der strengen Definition in Gl. (91) wird dadurch ein pseudoelastischer Verlauf der Fließspannung angenommen.

Die hier eingeführten Beschränkungen erlauben eine problemlose Trennung von starren und plastischen Gebieten während der Berechnung. Es wird von einer vollplastischen Struktur ausgegangen, die während der Iteration in starre und plastische Gebiete getrennt wird. Selbstverständlich sind die im starren Gebiet berechneten Spannungen nicht exakt, da bei dieser Berechnung die v. Misesschen Gleichungen, die nur für plastisches Gebiet gelten, angewandt werden. Umformkräfte dürfen deshalb nur in Gebieten ermittelt werden, die als plastisch identifiziert wurden.

4.2.7 Konvergenz des Verfahrens

Das Verfahren konvergiert bei jedem beliebigen Fließkurvenverlauf, wie durch eine einfache Überlegung gezeigt werden kann.

Die Rechnung wird gestartet mit einer Näherungslösung, die durch die Annahme einer linearen Verknüpfung der Verzerrungsgeschwindigkeiten mit den Spannungsdeviatoren erzielt wird. Diese Lösung liefert ein Geschwindigkeitsfeld, das inkompressibel ist und die Randbedingungen erfüllt. Da diese Lösung nicht die exakte Lösung ist, macht sie die in Gl. (47) definierte obere Schranke nicht zu einem Minimum. Setzt man das so ermittelte Geschwindigkeitsfeld in Gl. (47) ein, erhält man eine Energie, die, nach dem Kriterium der oberen Schranke über dem Minimum liegt. Das Verfahren konvergiert also von oben an die richtige Lösung. Durch Kontrolle der Energie kann während der Iteration Richtung und Geschwindigkeit der Konvergenz gesteuert werden. Dadurch kann in jedem Fall Konvergenz erzwungen werden.

Wie bei jedem Iterationsverfahren stellt sich auch hier die Frage nach einem geeigneten Abbruchkriterium. Es liegt nahe, für dieses Abbruchkriterium die Geschwindigkeit zu verwenden. In [34] wird als Abbruchkriterium

$$e = \frac{\| u^n - u^{n-1} \|}{\| u^n \|} < e_{grenz} \qquad (95)$$

vorgeschlagen, wobei als Norm jeweils die absolut größte Geschwindigkeit genommen wird. Dieses Kriterium stellt ein relativ strenges Kriterium dar, da hierbei eine zu große Geschwindigkeitsänderung an nur einem Punkt eine neue Iteration erfordert. Dieses Kriterium wurde deshalb in den hier entwickelten Programmen nicht verwendet.

Wesentlich sinnvoller erscheint ein Kriterium, das die ganze Struktur betrachtet. Erweitert man das in Gl. (95) definierte Kriterium auf die ganze Struktur, so erhält man

$$e = \frac{\sqrt{\sum_{i=1}^{K} [u^i_{n+1} - u^i_n]^2}}{\sqrt{\sum_{i=1}^{K} (u^i_n)^2}} \leq e_{grenz} \qquad (96)$$

$10^{-3} \leq e_{grenz} < 10^{-5}$ K ... Anzahl der Knotenpunkte als Maß für das Abbruchkriterium. Dieses Kriterium, das alle Geschwindigkeiten in der Struktur berücksichtigt, erlaubt den Abbruch auch dann, wenn sich die Geschwindigkeit an einigen Knotenpunkten noch ändert. Dieses Kriterium wurde bei den Berechnungen verwendet.

Mit diesem Kriterium, mit dem es nun möglich ist, das Erreichen des stationären Zustandes über den Umweg der Änderung des Geschwindigkeitsfeldes zu bestimmen, ist keine direkte Aussage darüber möglich, ob der stationäre Zustand auch tatsächlich erreicht wurde. Zwar rechtfertigen alle bisherigen Berechnungen eine Annahme der Konvergenz, doch haben sich bei der Berechnung von Strukturen mit großen starren Gebieten mit diesem Kriterium Schwierigkeiten ergeben, die Konvergenz zu bestimmen. Der Grund liegt darin, daß bei der Berechnung solcher Gebiete, in denen die Verzerrungsgeschwindigkeiten sehr klein sind, selbst kleine Änderungen der dort kleinen Geschwindigkeiten genügen, um das Abbruchkriterium nicht zu erfüllen. Berechnungen solcher Strukturen bei Verwendung dieses Abbruchkriteriums haben ergeben, daß die Lösung bei Erreichen eines stationären Zustandes nur noch in starren Gebieten um die wahre Lösung geringfügig pendelt, während sich im plastischen Gebiet die Lösung nicht mehr ändert. Bedingt durch die quadratische Form von (96) genügen diese Änderungen bereits, um mit diesem Abbruchkriterium das Erreichen des stationären Zustandes nicht mehr feststellen zu können.

Betrachtet man den Rechengang des Verfahrens, liegt es nahe, als Abbruchkriterium die Größe, die minimiert werden soll, nämlich die Energie, zu betrachten. Wie zu Beginn des Abschnittes gezeigt wurde, konvergiert das Verfahren von oben gegen die wahre Lösung. Diese Eigenschaft kann man sich zunutze machen, um die Konvergenzgeschwindigkeit des Verfahrens zu steuern und gegebenenfalls zu beschleunigen. Gleichzeitig kann das Verfahren als Abbruchkriterium verwendet werden.

Die Erfahrung hat gezeigt, daß die in Gl. (74) beschriebene Interationsvorschrift

$$u_{n+1} = u_n + \Delta u_{n+1} \tag{97}$$

in dieser Form zu Divergenz neigt, da die Störungen zu groß sind. Eine Konvergenz läßt sich durch folgende Vorschrift in der Regel immer erreichen

$$u_{n+1} = u_n + \alpha \cdot \Delta u_{n+1}. \tag{98}$$

Durch Wahl des Parameters α kann nun die Konvergenz erreicht und beschleunigt werden. Aus den Rechnungen haben sich folgende Erfahrungswerte ergeben.

Startwert: $0.001 < \alpha < 0.01$

$$(\pi'_{n+1} - \pi'_n) < 0 \quad : \alpha_{n+1} = 1,25\ \alpha_n \qquad \alpha \leq 1 \tag{99}$$
$$(\pi'_{n+1} - \pi'_n) > 0 \quad : \alpha_{n+1} = 0,1\ \alpha_n.$$

Als Abbruchkriterium wird nun die Änderung der Energie zwischen zwei Iterationsschritten verwendet

$$e = \frac{|\pi'_{n+1} - \pi'_n|}{\pi'_n} < e_{grenz}. \tag{100}$$

Dabei muß sein: $\pi'_{n+1} < \pi'_n$

$$10^{-4} < e_{grenz} \leq 10^{-5}.$$

Mit der in Gl. (99) beschriebenen Vorschrift läßt sich die Konvergenzgeschwindigkeit des Verfahrens sehr gut steuern. Gleichzeitig erlaubt dieses Kriterium eine Aussage über die erreichte Konvergenz, da die Rechnung erst dann abgebrochen wird, wenn kein Geschwindigkeitsfeld mehr gefunden wird, das die Energie unter den bereits ermittelten Wert senkt.

Mit dem in Gl.(100) definierten Kriterium ist auch die Berechnung von Strukturen mit großen plastischen Gebieten problemlos möglich, da evtl. Änderungen im Geschwindigkeitsfeld der starren Struktur praktisch keinen Einfluß auf die Energie haben (im starren Gebiet ist $\int_V \sigma_{ij}\, \dot{\varepsilon}_{ij}\, dV \approx 0$, da $\dot{\varepsilon}_{ij} \approx 0$).

In den entwickelten Programmen wurden die in Gl. (96) und Gl.(100) definierten Kriterien gleichzeitig verwendet. Die Iteration wird abgebrochen, wenn eine der beiden Schranken unterschritten wird.

4.3 Fehlerabgleichverfahren

4.3.1 Wahl der Ansatzfunktionen

Die geeignete Wahl der Ansatzfunktionen ist eine der wesentlichen Fragen bei der Anwendung von Fehlerabgleichverfahren. Obwohl keine feste Regel aufgestellt werden kann, läßt sich sagen, daß die Ansätze so gewählt werden sollten, daß sie möglichst viele der Randbedingungen des Problems erfüllen und dennoch möglichst einfach gehalten sind. Beim Prinzip der kleinsten Fehlerquadrate läßt sich einsehen, daß eine Verlängerung der Polygonreihen den Fehler nur verkleinern und nicht vergrößern kann und daß damit mit einer unendlichen Reihe die Lösung genau angenähert werden kann. Bei der praktischen Behandlung von Aufgaben scheitert dies jedoch an der Größe des dabei entstehenden Gleichungssystems, da, um die Welligkeit der Polynome zu unterdrücken, sehr viele Stützstellen verwendet werden müssen. Es muß also versucht werden, mit niedrigen Ansatzfunktionen auszukommen und mit ihnen die wesentlichsten Eigenschaften zu beschreiben.

4.3.2 Ebener Formänderungszustand

Zur Berechnung des Spannungs- und Bewegungszustandes sind zwei Ansatzfunktionen erforderlich, eine Stromfunktion ψ , die das Geschwindigkeitsfeld beschreibt und eine Spannungsfunktion ϕ , die die Spannungen beschreibt. Die Geschwindigkeitskomponenten werden aus der Stromfunktion nach folgenden Vorschriften abgeleitet

$$v_x = \frac{\partial \psi}{\partial y} \qquad v_y = - \frac{\partial \psi}{\partial x} . \tag{101}$$

Wie durch Einsetzen leicht ersichtlich, erfüllen diese Definitionen die Kontinuitätsbedingung. Für die Spannungen gelten folgende Beziehungen

$$\sigma_x = \frac{\partial^2 \phi}{\partial y^2}$$

$$\sigma_y = \frac{\partial^2 \phi}{\partial x^2} \qquad (102)$$

$$\tau_{xy} = -\frac{\partial^2 \phi}{\partial x \partial y} \ .$$

Ebenfalls durch Einsetzen in die Gleichgewichtsbedingungen kann leicht gezeigt werden, daß mit diesen Definitionen die Gleichgewichtsbedingungen erfüllt werden.

Zusätzlich zu den hier angeführten Gleichungen sind noch die Gleichungen des Stoffgesetzes zu lösen. Auf eine Darstellung der Polynomreihen für die einzelnen Funktionen soll hier verzichtet werden, eine umfassende Darstellung findet sich in [7, 11].

4.3.3 Axialsymmetrischer Formänderungszustand

Hier sind folgende Ansatzfunktionen notwendig: Eine Funktion für das Geschwindigkeitsfeld ψ und zwei Funktionen ϕ_1 und ϕ_2, die das Spannungsfeld beschreiben. Die Geschwindigkeits- und Spannungskomponenten ergeben sich aus den partiellen Ableitungen der einzelnen Funktionen nach den Ortskoordinaten. Die Ableitungsvorschriften werden dabei so gewählt, daß Gleichgewichts- und Kontinuitätsbedingung immer streng erfüllt sind, gleichgültig, wie die Funktionen auch aussehen. Diese Forderung führt zu folgenden Beziehungen:

$$v_r = \frac{1}{r} \frac{\partial \psi}{\partial z}$$

$$v_z = -\frac{1}{r} \frac{\partial \psi}{\partial r}$$

$$\sigma r = \frac{1}{r} \cdot \frac{\partial^2 \phi_1}{\partial z^2} + \frac{\phi_2}{r} \qquad (103)$$

$$\sigma_\theta = \frac{\partial \phi_2}{\partial r}$$

$$\sigma z = \frac{1}{r} \frac{\partial^2 \phi_1}{\partial r^2}$$

$$\tau_{rz} = -\frac{1}{r} \frac{\partial^2 \phi_1}{\partial r \partial z} \ .$$

Diese Funktionsausdrücke werden nun in die Gleichungen des Stoffgesetzes eingesetzt,und man erhält vier Fehlergleichungen, die im gesamten Gebiet der Umformzone eingesetzt werden. Randbedingungen, die in den Funktionen nicht berücksichtigt sind, müssen durch zusätzliche Fehlergleichungen erfaßt werden.

4.3.3.1 Instationäre Umformvorgänge

Für das Geschwindigkeitsfeld beim axialsymmetrischen Stauchen ergeben sich folgende Rand- und Symmetriebedingungen [7]:

1. Verschwinden der Axialgeschwindigkeit v_z entlang der r-Achse, d. h. $v_z = 0$ für $z = 0$.
2. Verschwinden der Radialgeschwindigkeit v_r entlang der z-Achse, d. h. $v_r = 0$ für $r = 0$.
3. Entlang der Stauchbahn soll die Axialgeschwindigkeit des Werkstoffes gleich der Werkzeuggeschwindigkeit v_{wz} sein.

Als Symmetrie- und Randbedingungen ergeben sich für die Spannungsverteilung folgende Bedingungen:

1. Verschwinden der Schubspannung τ_{rz} in der r- und z-Achse aus Symmetriegründen.
2. Am Umfang des Zylinders hat die Radialspannung den Wert 0.
3. An der freien Zylinderoberfläche muß die Schubspannung verschwinden.
4. Als Randbedingung für die Reibung soll folgende Beziehung gelten

$$\tau_{rz} = m\,k \qquad (0 < m < 1) \tag{104}$$

Für die Strom- und Spannungsfunktionen werden nun folgende Ansätze verwendet

$$\begin{aligned} \psi &= \frac{v_{wz}}{2h} r^2 z + (z^2 - h^2) \sum_{i=1}^{I} \sum_{j=1}^{J} A_{ij} r^{2i} z^{2j-1} \\ \phi_1 &= -\frac{\sqrt{3}}{6} k\, r^3 + \sum_{m=2}^{M} \sum_{n=0}^{N} B_{mn} \cdot r^{2m-1} \cdot z^{2n} \\ \phi_2 &= \sum_{p=1}^{P} \sum_{q=0}^{Q} C_{pq}\, r^{2p-1} z^{2q}. \end{aligned} \tag{105}$$

Wie durch Einsetzen der Gleichungen in die Kontinuitätsbedingung und in die Randbedingungen gezeigt werden kann, erfüllen die Ansätze in Gl.(105) die Randbedingungen für das Geschwindigkeitsfeld streng, bei den Spannungsrandbedingungen werden die Symmetriebedingungen erfüllt. Die restlichen Randbedingungen müssen durch zusätzliche Fehlergleichungen erfüllt werden. Der instationäre Umformvorgang wird nun wie in Abschnitt 4.2.5 beschrieben, quasi-stationär berechnet.

4.3.3.2 Stationäre Umformvorgänge

Bei den stationären Umformvorgängen wurde wie bei der FEM für die Berechnung ein Verfahren gewählt, bei dem das Modell nicht an den Werkstoff gekoppelt ist, sondern bei dem der Werkstoff durch ein raumfestes Gitter fließt [6, 7]. Die Ansatzfunktionen für das axialsymmetrische Fließpressen müssen dabei folgenden, z. T. vereinfachenden Rand- und Symmetriebedingungen genügen:

1. Konstante Axialgeschwindigkeit am Einlauf in die Matrize.
2. Die Radialgeschwindigkeit entlang der z-Achse muß Null sein aus Symmetriegründen.
3. Die Stromfunktion muß aus Symmetriegründen symmetrisch zur z-Achse sein.
4. Die durch die Matrize gegebene Berandung der Umformzone muß Stromlinie sein, d. h. entlang der Randkurve r (z) gilt $\psi = \psi_o$ = konstant.
5. Die Schubspannungsverteilung muß axial-symmetrisch zur z-Achse sein, d. h. $\tau_{rz} = 0$, für r = 0.
6. Normalspannungen müssen symmetrisch zur z-Achse sein, folgt ebenfalls aus Symmetriegründen.
7. Verschwinden der Axialspannung σ_z entlang einer angenommenen Linie am Auslauf aus der Düse.
8. Längs der Fließschulter soll die Reib-Schub-Spannung folgender Beziehung gehorchen:

$$\tau_{rz} = -\alpha k \qquad (106)$$

$$0{,}1 < \alpha < 1.$$

Für die Stromfunktion wird der in den freien Parametern lineare Ansatz gewählt

$$\psi = \psi_o \frac{r^2}{r^{*2}} + [r^2 - r^{*2}] \sum_{j=o}^{J} \sum_{i=o}^{I} A_{ij} r^{2i+2} z^{j+1}. \tag{107}$$

Hierbei ist r^* die approximierte Randkurve der Umformzone, für ψ_o gilt

$$\psi_o = \frac{1}{2} v_s r^{*2}. \tag{108}$$

Die Spannungsfunktionen haben folgende Form:

$$\begin{aligned} \Phi_1 &= \sum_{m=0}^{M} \sum_{n=0}^{N} B_{mn} r^{2m+3} z^n \\ \Phi_2 &= \sum_{p=0}^{P} \sum_{q=0}^{Q} C_{pq} r^{2p+1} z^q. \end{aligned} \tag{109}$$

Mit diesen Ansätzen werden die Randbedingungen 1 bis 6 streng erfüllt. Die Bedingungen 7 und 8 müssen durch zusätzliche Fehlergleichungen berücksichtigt werden. Als Linie, an der die Axialspannung beim Auslauf aus der Düse Null sein soll, wurde eine Gerade angenommen. Die Bedingung, daß die Begrenzungslinie gleichzeitig Stromfunktion sein soll, führt dazu, daß die Begrenzungslinie durch Polynomfunktionen angenähert werden muß, da die rechnerische Begrenzungslinie nicht mit der tatsächlichen Begrenzungslinie des Werkstückes zusammenfällt. Die Approximation hat also zur Folge, daß der Einlauf in das Werkstück und der Auslauf aus der Düse sanfter erfolgt als in Wirklichkeit.

4.3.4 Beschreibung des Rechenganges

Fügt man die Fehlergleichungen in das nichtlineare Stoffgesetz ein, so erhält man, bedingt durch die Nichtlinearität des v. Misesschen Stoffgesetzes ein nichtlineares Gleichungssystem. Die Auflösung von nichtlinearen Gleichungssystemen bereitet in der Regel erhebliche numerische Schwierigkeiten. Man umgeht normalerweise diese Schwierigkeiten, in dem man das Gleichungssystem iterativ löst. Wie bei dem starr-plastischen

FE-Modell wird angenommen, daß zwischen Formänderungsgeschwindigkeiten und Spannungsdeviator ein linearer Zusammenhang besteht. Die nichtlineare Gleichung wird durch diese Annahme linear und kann ohne Schwierigkeit gelöst werden. Die so erhaltene Näherung, die den Spannungs- und Bewegungszustand einer viskosen Flüssigkeit beschreibt, weicht natürlich stark von der Fließbedingung ab. Bei der Bestimmung des richtigen Spannungs- und Bewegungszustandes liegt es nun nahe, nach folgendem Iterationsschema vorzugehen. I_2 ist dabei die zweite Invariante des Formänderungsgeschwindigkeitstensors.

$$\sigma'^{(i)}_{ij} = \frac{k}{\sqrt{I_2^{(i-1)}}}\, \dot{\varepsilon}^{i}_{ij}$$
$$\sigma'^{(i+1)}_{ij} = \frac{k}{\sqrt{I_2^{i}}}\, \dot{\varepsilon}^{(i+1)}_{ij} . \qquad (110)$$

Berechnungen, die vor allem in [7] durchgeführt wurden, haben jedoch gezeigt, daß man eine Beschleunigung der Konvergenz dieses Iterationsverfahrens enthält, wenn man die Iterationsschritte von Gl. (110) in Doppelschritte aufteilt und in jedem Schritt nur eine Größe, also entweder das Spannungsfeld oder das Geschwindigkeitsfeld verändert. Dies führt zu folgendem Iterationsschema:

$$\sigma'^{(i)}_{ij} = \frac{k}{\sqrt{I_2^{(i-1)}}}\, \dot{\varepsilon}^{(i-1)}_{ij}$$
$$\dot{\varepsilon}^{(i)}_{ij} = \sigma'^{(i)}_{ij}\, \frac{\sqrt{I_2^{(i-1)}}}{k} . \qquad (111)$$

Diese Doppelschritte werden nun solange wiederholt, bis sich keine Änderungen mehr im Geschwindigkeits- bzw. Spannungsfeld ergeben. Als Kriterium für den Abbruch der Iteration werden analoge Beziehungen, wie in Gl. (96) definiert, verwendet.

Die Vorgehensweise beim Fehlerabgleichverfahren kommt damit dem der Finite-Element-Verfahren sehr nahe, bei denen auch variable Ansatzfunktionen für die Zustandsgrößen angenommen werden. Während die Ansatzfunktionen bei der Methode der finiten Elemente allerdings bereichsweise angenommen werden,

werden bei den Fehlerabgleichverfahren diese Ansatzfunktionen für das ganze Gebiet angenommen.

Wie der Aufbau der Ansatzfunktionen in den Abschnitten 4.3.2 und 4.3.3 zeigt, haben die Ansatzfunktionen für das Fehlerabgleichverfahren eine wesentlich kompliziertere Form, als die Ansatzfunktionen für die beiden Finite-Element-Verfahren. Während bei den FE-Verfahren die Ansatzfunktionen unabhängig von dem berechneten Umformvorgang sind, muß bei dem Fehlerabgleichverfahren für jeden einzelnen Umformvorgang eine spezielle Ansatzfunktion gesucht werden (vgl. die unterschiedlichen Ansatzfunktionen für stationäre und instationäre Umformvorgänge beim Fehlerabgleichverfahren).

4.3.5 Behandlung starrer Gebiete

Das Fehlerabgleichverfahren verwendet das v. Misessche Stoffgesetz für starrplastischen Werkstoff. Daraus folgt, daß es ebenfalls Schwierigkeiten gibt bei der Anwendung des Verfahrens beim Auftreten von starren Gebieten. Da bei diesen starren Gebieten die v. Misessche Fließbedingung selbstverständlich nicht erfüllt sein kann, führt dies zu großen Fehlern in der Fließbedingung, die sich auch in den plastischen Bereich hinein fortpflanzen. Die Folge davon ist eine ungenaue Spannungsverteilung; weiter konvergiert das Verfahren schlecht. Eine Möglichkeit, diesen Fehler zu vermeiden, besteht nun darin, daß man die Punkte, in denen die Fließbedingung schlecht erfüllt ist, als starr betrachtet und aus der eigentlichen Umformzone, d. h. aus dem zu berechnenden Gebiet, herausnimmt [8].

Dieses Vorgehen ist jedoch insofern unbefriedigend, als man erst nach der Spannungsberechnung weiß, daß der betreffende Punkt als starr zu betrachten gewesen wäre. Weiter ist die Definition des Begriffes "schlechte Erfüllung der Fließbedingung" problematisch.

Zur Trennung von starren und plastischen Gebieten wird deshalb das in Abschnitt 4.2.6 behandelte Verfahren angewandt. Als Maß für die Trennung von starren und plastischen Gebieten wird ebenfalls eine bezogene Vergleichsformänderungsgeschwindigkeit angenommen. Punkte, deren Vergleichsformänderungsgeschwindigkeit unter dem kritischen Wert liegt, werden mit solchen Gewichtungsfaktoren versehen, daß sich die Geschwindigkeit während der Iteration nicht mehr ändert. In den Fehlergleichungen für die Spannungsberechnungen wird dies ebenfalls berücksichtigt, so daß die Fehler an diesen Punkten nicht mehr in der Gesamtfehlerbetrachtung erscheinen. Selbstverständlich gilt für die Genauigkeit der Spannungsberechnung hier ebenfalls das schon in Abschnitt 4.2.6 ausgeführte.

Eine Anwendung dieser Methode zur Berechnung der Umformzone beim Verjüngen eines Vollkörpers brachte befriedigende Ergebnisse [48].

5 Programmaufbau

Die entwickelten Programme sind in der Programmiersprache FORTRAN IV geschrieben. Sie erlauben die Berechnung von Problemen mit ebenem Spannungszustand, ebenem sowie axialsymmetrischen Formänderungszustand. Die Programme werden ergänzt durch sogenannte Postprozessoren, die eine graphische Darstellung und Auswertung der Ergebnisse ermöglichen.

5.1 Finite-Elemente-Programm mit elastisch-plastischem Werkstoffmodell

Ein vereinfachtes Flußdiagramm des Programmablaufes ist in Bild 7 dargestellt. Eingabewerte des Programmes sind Daten zur geometrischen Beschreibung des Problems sowie Daten für die Beschreibung des Werkstoffverhaltens.

Die geometrische Beschreibung erfolgt durch Eingabe der Knotenkoordinaten und der Zuordnung der Knoten zu den jeweiligen Elementen. Diese Angaben können knotenpunktsweise und elementweise erfolgen. Bei regelmäßigen Strukturen ist es möglich, diese Werte von in dem Programm eingebauten Pre-Prozessoren berechnen zu lassen. Dadurch vereinfacht sich der Eingabeaufwand erheblich. Weitere, für die Beschreibung der Geometrie erforderliche Angaben stellen die Randbedingungen dar. Man unterscheidet dabei drei Arten, nämlich Randbedingungen für bekannte Verschiebungen (hier nur für den Wert Null), Randbedingungen für unbekannte, aber gleich große Verschiebungen, wie sie z. B. an der Werkzeugbahn auftreten, sowie sogenannte "schiefe" Randbedingungen, wie sie z. B. an der Schulter eines Fließpreßwerkzeuges auftreten. Die erste Art der Randbedingungen wird durch Streichen der entsprechenden Zeile und Spalte in die Steifigkeitsmatrix, die in der Regel Bandstruktur hat, eingearbeitet, die zweite Art durch Aufaddieren der entsprechenden Zeilen und Spalten auf die Zeile und Spalte des Punktes, an dem die Kraft angreift. Die schiefen Randbedingungen werden durch Transformation des entsprechenden Knotenpunktes in ein lokales Koordinatensystem und anschließende Aufaddition der entsprechenden Zeilen und Spalten in die Steifigkeitsmatrix

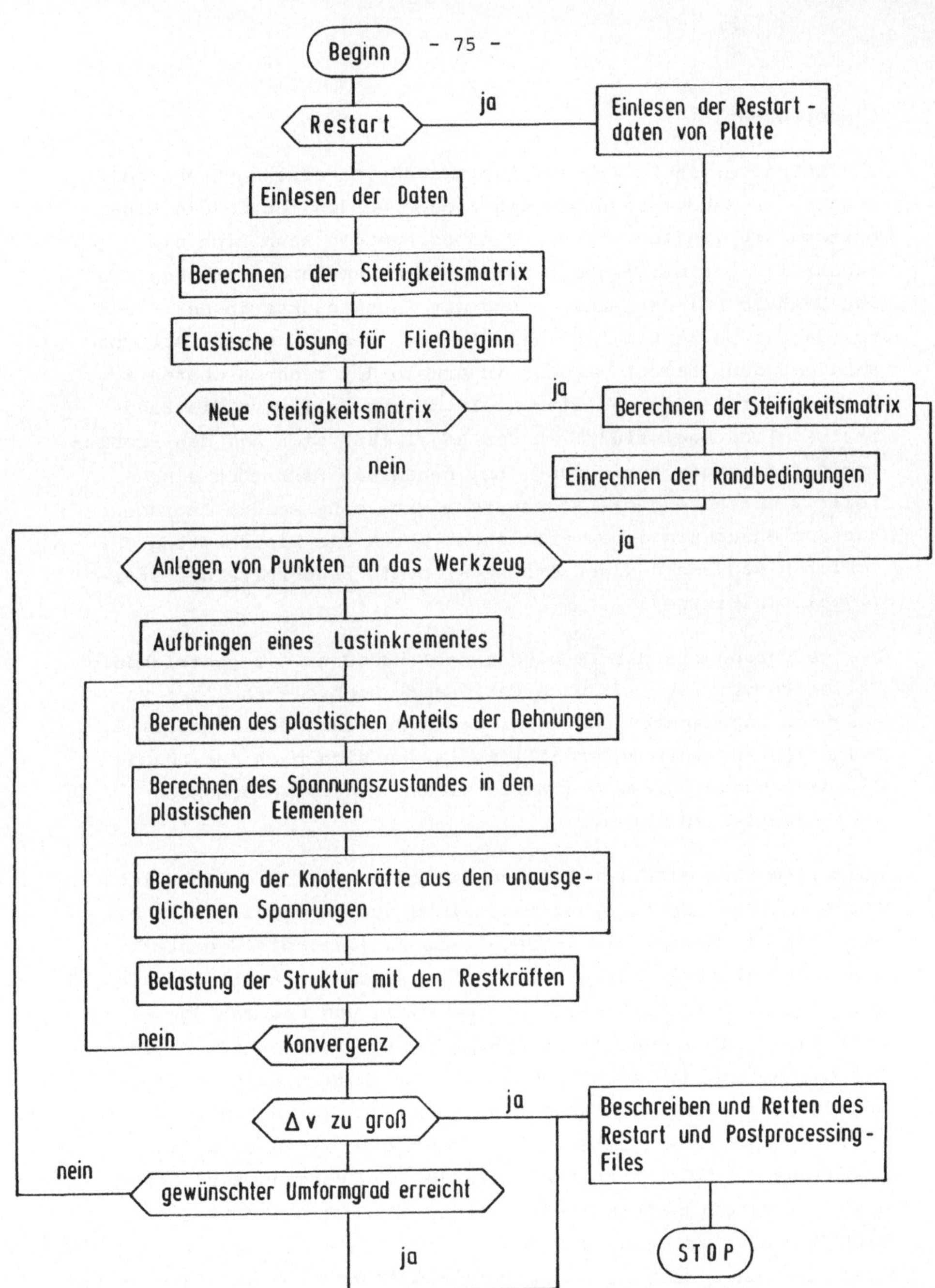

Bild 7: Vereinfachtes Flußdiagramm des FE-Programmes mit elastisch-plastischem Werkstoffmodell.

eingerechnet.

Die aufaddierten Zeilen und Spalten dürfen erst nach Abarbeitung aller Randbedingungen gestrichen werden. Durch die Einarbeitung der zweiten Art von Randbedingungen kann sich die Bandbreite der Steifigkeitsmatrix unter Umständen erhöhen. Es ist deshalb bei der Numerierung der Knotenpunkte in der Struktur darauf zu achten, daß alle Punkte, die mit dieser Art von Randbedingung belegt werden, innerhalb des rechten oberen Eckpunktes der Bandmatrix liegen. In diesem Fall wird die Bandbreite nicht beeinflußt. In der Regel läßt sich bei den Problemen der Kaltmassivumformung, bei denen das Werkstück eine relativ einfache geometrische Form hat, eine solche Anordnung der Knotennummern immer erreichen. Durch die Einarbeitung der schiefen Randbedingungen erhöht sich die Bandbreite der Steifigkeitsmatrix um 1.

Die so veränderte Matrix wird anschließend um die gestrichenen Zeilen komprimiert, dadurch verringert sich die Zahl der zu lösenden Unbekannten und unter Umständen auch die Bandbreite. Durch Führen einer Referenzliste lassen sich nach der Lösung des Gleichungssystems die Werte wieder den entsprechenden Knotenpunkten zuordnen.

Diese, im Vergleich zur Vorgehensweise in [17] hier gewählte etwas umständliche Art der Behandlung von Randbedingungen hat den Vorteil, daß dabei, im Gegensatz zu [17], die Symmetrie der Steifigkeitsmatrix nicht gestört wird. Es genügt deshalb, nur eine Hälfte der Matrix abzuspeichern und dadurch Speicherplatz und Rechenzeit zu sparen. Weiter ist es durch diese Art der Behandlung der Randbedingungen möglich, als Lösungsverfahren für das Gleichungssystem das Verfahren von Cholesky [49] zu wählen, das um etwa 50 % schneller ist als das gewöhnliche Gauß Eliminationsverfahren. Der Vorgang zur Lösung der Steifigkeitsmatrix wird dabei in drei Teilschritte, nämlich Dreieckszerlegung der Matrix auf den Speicherplatz der ursprünglichen Matrix, wobei die Bandstruktur erhalten bleibt, sowie Vorwärts- und Rückwärtseinsetzen des Lastvektors aufgespalten. Während der Iteration wird der Lastvektor in die

Dreiecksmatrix eingesetzt. Nach einer bestimmten Anzahl von Lastschritten, die der Benutzer vorgeben kann, wird die Steifigkeitsmatrix neu aufgestellt und zerlegt. Die Lösung des nichtlinearen Gleichungssystems erfolgt also vorwiegend über eine rechte Seiteniteration.

Nach Abschluß der Berechnung werden die Daten für den Re-Start-File und den Postprozessor-File beschrieben und gerettet. Der Benutzer kann das Programm durch Einlesen des Re-Start-Files neu starten und die Rechnung fortsetzen. Plottprogramme gestatten die Weiterverarbeitung der Daten, die auf den Postprozessor-File geschrieben werden. Es können die verformte Struktur, sowie die Höhenlinien von Spannungen und Dehnungen gezeichnet werden.

Das Werkstoffverhalten wird durch Elastizitätsmodul, Querdehnungszahl, Anfangsfließspannung sowie durch die Fließkurve beschrieben. Die Fließkurve kann dabei in Polynomform oder in der bekannten Form $k_f = C \cdot \varphi^n$ dargestellt werden.

5.2 Finite-Elementprogramme mit starrplastischem Werkstoffmodell

Ein vereinfachtes Flußdiagramm des Programmablaufes ist in Bild 8 dargestellt. Eingabedaten sind auch hier Daten zur geometrischen Beschreibung der Struktur sowie Daten zur Beschreibung des Materialverhaltens. Das Werkstoffverhalten wird durch die Anfangsfließspannung und die Fließkurve beschrieben. Auch hier kann der Benutzer zwischen einer Polynomdarstellung und der bekannten Potenzdarstellung der Fließkurve wählen.

Die geometrische Beschreibung erfolgt analog dem Vorgehen bei dem elastisch-plastischen FE-Programm. Durch Anwendung von Pre-Prozessoren können bei einfachen, regelmäßigen Strukturen die Koordinaten und die Zuordnung der Knoten zu den jeweiligen Elementen generiert werden. Bei komplizierten Strukturen ist es möglich, die Angaben knotenpunkt- und elementweise vorzunehmen. Weitere, für die Beschreibung der Geometrie erforderliche Angaben sind die Randbedingungen, die wie in 5.1 be-

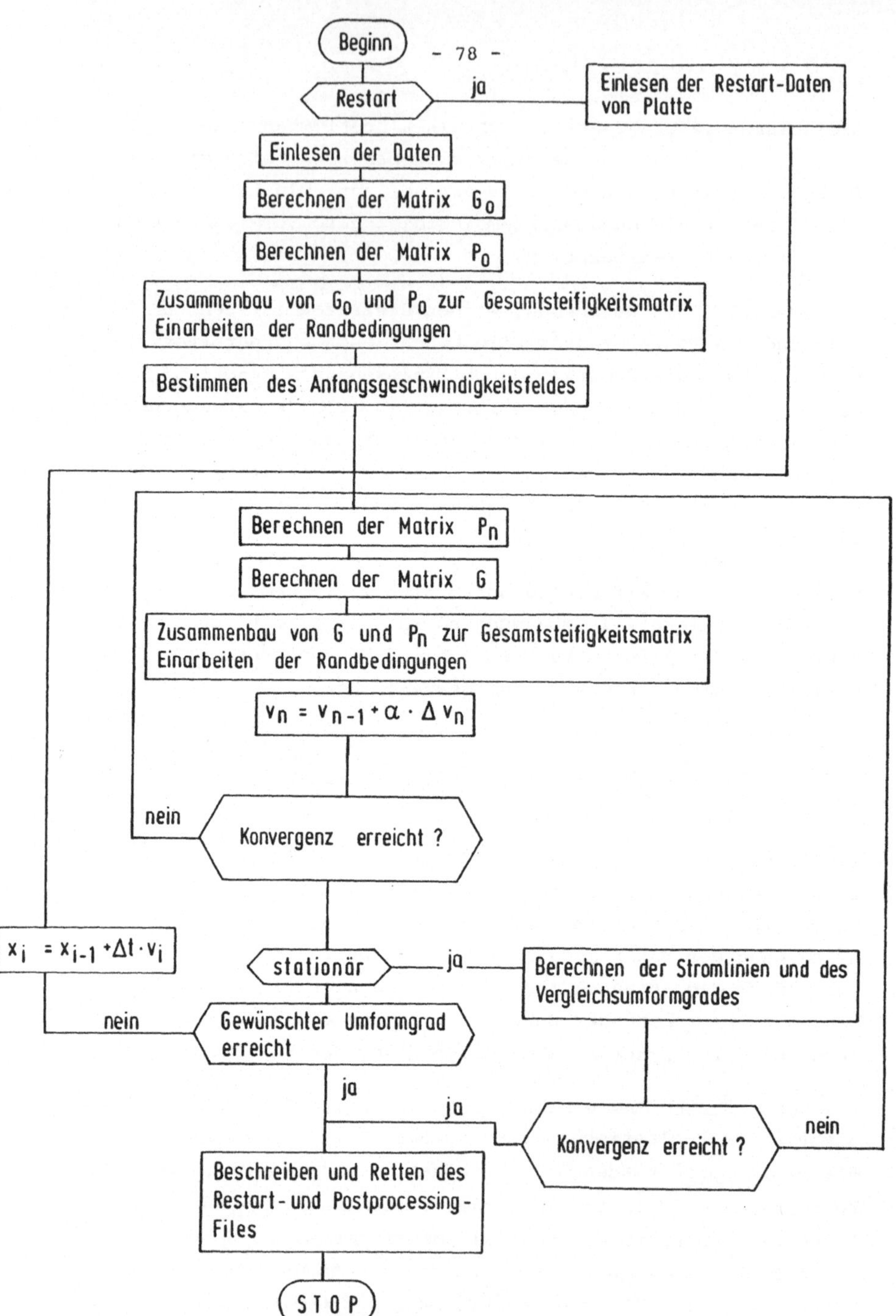

Bild 8: Vereinfachtes Flußdiagramm des FE-Programmes mit starr-plastischem Werkstoffmodell.

schrieben, eingearbeitet werden.

Nach der Verarbeitung dieser Daten wird die Steifigkeitsmatrix P und die Inkompressibilitätsmatrix Q berechnet und zur Gesamtsteifigkeitsmatrix zusammengebaut. Wie aus Gleichung (74) ersichtlich, ist die Gesamtsteifigkeitsmatrix nicht positiv definit, sondern nur positiv semidefinit. Außerdem ist die Matrix in ihrer ursprünglichen Form sehr ungünstig strukturiert. Es ist deshalb zweckmäßig, um Rechenzeit einzusparen, die Gesamtsteifigkeitsmatrix vor der Zerlegung umzuordnen. Dies läßt sich dadurch erreichen, daß die Spannungen und die Geschwindigkeiten im Gleichungssystem (74) wechselweise angeordnet werden. Die Bandbreite der Matrix beträgt nach der Umordnung das 1,5fache der Bandbreite der Matrix P. Durch Führen einer Referenzliste lassen sich nach der Lösung des Gleichungssystems die entsprechenden Werte wieder den entsprechenden Knotenpunkten zuordnen.

Die Gesamtsteifigkeitsmatrix ist nun, wie erwähnt, nicht positiv definit, jedoch symmetrisch. Es ist deshalb möglich, auch hier nur die halbe Matrix abzuspeichern.

Bei der Zerlegung von nicht positiv definiten Matrizen sind besondere Maßnahmen erforderlich. Man kann diese Schwierigkeiten bei der Auflösung des Gleichungssystems umgehen, indem man das Gleichungssystem abschnittsweise löst. Bei dieser Vorgehensweise ergeben sich keine Schwierigkeiten, da die Matrix P in Gleichung (74) positiv definit ist und deshalb ohne Probleme invertiert werden kann. Bei größeren Gleichungssystemen ist die abschnittsweise Lösung jedoch sehr unwirtschaftlich, da dabei Matrizen invertiert werden müssen. Dies benötigt viel Rechenzeit und Speicherplatz, bei der Invertierung wird die vorhandene Bandstruktur zerstört, d. h. es wird Speicherplatz für die gesamte Dreiecksmatrix (es wird nur die halbe Matrix abgespeichert) benötigt.

Löst man das Gleichungssystem direkt, so muß man berücksichtigen, daß sich bei der Zerlegung nach Cholesky für nicht positiv definite Matrizen rein imaginäre Zeilen ergeben können, die beim Vorwärts- und Rückwärtseinsetzen des Lastvektors wieder reell werden. Bei dieser Vorgehensweise bleibt die Bandstruktur erhalten, die zerlegte Matrix kann auf dem Platz der ursprünglichen Matrix gespeichert werden. Diese Vorgehensweise ist in den Programmen verwirklicht, da sie das Gleichungssystem sehr effektiv in bezug auf Rechenzeit und Speicherplatz löst.

Durch die Umordnung und die Einarbeitung der Randbedingungen kann der Fall auftreten, daß eine Gleichung für den hydrostatischen Druck die erste Zeile der zu lösenden Matrix wird. Das erste Diagonalelement der Matrix ist in diesem Fall Null, wie aus dem Aufbau von Gleichung (74) leicht zu erkennen ist. Die Gleichung ist in diesem Fall mit der verwendeten Methode unlösbar,da dabei durch das erste Diagonalelement der Matrix dividiert werden muß. Diese Schwierigkeit wird durch Setzen einer großen Zahl als erstes Diagonalelement umgangen. Der hydrostatische Druck des betreffenden Elementes wird dadurch zu Null gesetzt, d. h. die Spannungen in dem betreffenden Element werden falsch berechnet. Dieser Fehler muß in Kauf genommen werden, um die Lösbarkeit des Systems zu gewährleisten. In der Regel kann diese Schwierigkeit durch Umnumerieren der Knotenpunkte in der Struktur beseitigt werden.

Nach Abschluß der Berechnung werden die Daten für den Re-Start-File und den Postprozessor-File beschrieben und gerettet. Durch Einlesen des Re-Start-Files kann der Benutzer das Programm neu starten und die Rechnung fortsetzen. Plottprogramme gestatten die Weiterverarbeitung der Daten, die auf dem Postprozessor-File geschrieben sind. Es können die verformte Struktur, die Geschwindigkeiten als Pfeile, sowie Spannungen und Formänderungsgeschwindigkeiten als Höhenlinien gezeichnet werden.

5.3 Fehlerabgleichverfahren

Ein vereinfachtes Flußdiagramm des Programmablaufes ist in Bild 9 dargestellt. Es werden die Materialdaten, sowie Daten für die Beschreibung der Umformzone, die Anzahl der Stützstellen für die Fehlergleichungen in den einzelnen Koordinatenrichtungen sowie die Randbedingungen eingegeben.

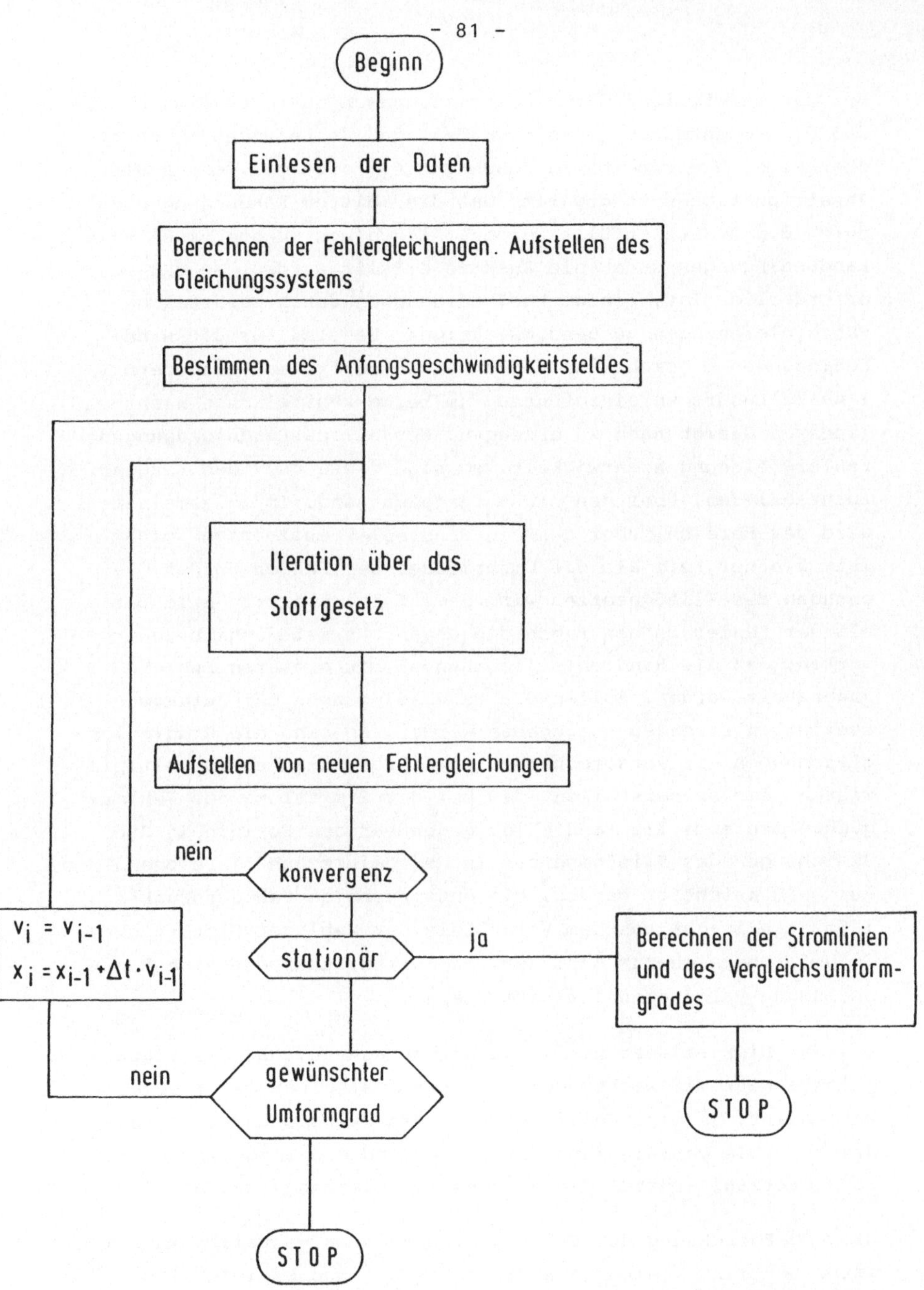

Bild 9: Vereinfachtes Flußdiagramm des Fehlerabgleichverfahrens.

Bei der Aufstellung der Fehlergleichungen ist darauf zu achten, daß die Potenzen so gewählt werden, daß keine Richtung bevorzugt wird. Wie bereits in Abschnitt 4.3 gezeigt, werden die Ansatzfunktionen so gewählt, daß die meisten Randbedingungen durch den Ansatz erfüllt werden. Allerdings können nicht alle Randbedingungen durch die Ansätze erfüllt werden, so daß es erforderlich ist, einige Randbedingungen durch zusätzliche Fehlergleichungen zu berücksichtigen. Es sind für die Randbedingungen möglichst in den unbekannten freien Parametern lineare Ausdrücke einzuführen, um keine zusätzlichen nichtlinearen Gleichungen zu erzeugen. Werden aus Randbedingungen Fehlergleichungen entwickelt, so sind diese über den Rand aufzuintegrieren, über den sie vorgegeben sind. Im allgemeinen wird der Bereich, über den ein Randfehler aufzuintegrieren ist, kleiner sein als die Umformzone. Der Fehler in den Gleichungen des Fließgesetzes wird demzufolge stärker gewichtet als der Fehler in den Randbedingungen. Es ist deshalb zu erwarten, daß die Randfehlergleichungen mit größeren Fehlern angenähert werden. Sollen die Randbedingungen für Aufgabenstellungen strenger vorgegeben werden, so sind die Randfehlergleichungen mit entsprechenden Gewichtsfunktionen zu multiplizieren, die sicherstellen, daß bei der Ermittlung des Fehlerquadratminimums die Randfehler gegenüber den Fehlern in den Gleichungen des Fließgesetzes in der Umformzone hinreichend gut berücksichtigt werden. Die entsprechende Gewichtsfunktion läßt sich leicht aus dem Verhältnis der Zahl der Gitterpunkte im Umformbereich zur Zahl der Randpunkte, über die eine Randbedingung vorgegeben ist, ermitteln.

Bei der Diskretisierung ist darauf zu achten, daß das zugrundegelegte Netz mit wachsender Zahl der freien Parameter enger zu wählen ist, um eine Welligkeit der Näherungslösung zu unterdrücken. Die Verfeinerung des Netzes und die Vergrößerung der Parameterzahl erhöhen die Rechenzeit allerdings beträchtlich.

Die nach Berechnung der Fehlergleichungen aufgestellte Matrix ist wesentlich kleiner als die entsprechende Steifigkeitsmatrix bei den FE-Verfahren. Allerdings kann durch die Art der Einrechnung von Randbedingungen die Symmetrie der Matrix gestört sein. Für die Lösung der Matrix wird deshalb das Gaußsche Eliminationsverfahren [49] gewählt. Wie bei dem starrplastischen FE-Verfahren wird auch hier während der Iteration über das nichtlineare Stoffgesetz die Matrix in jedem Iterationsschritt neu aufgestellt und zerlegt.

Ergebnisse der Berechnung sind Geschwindigkeiten, Formänderungsgeschwindigkeiten, Spannungen und Umformkräfte.

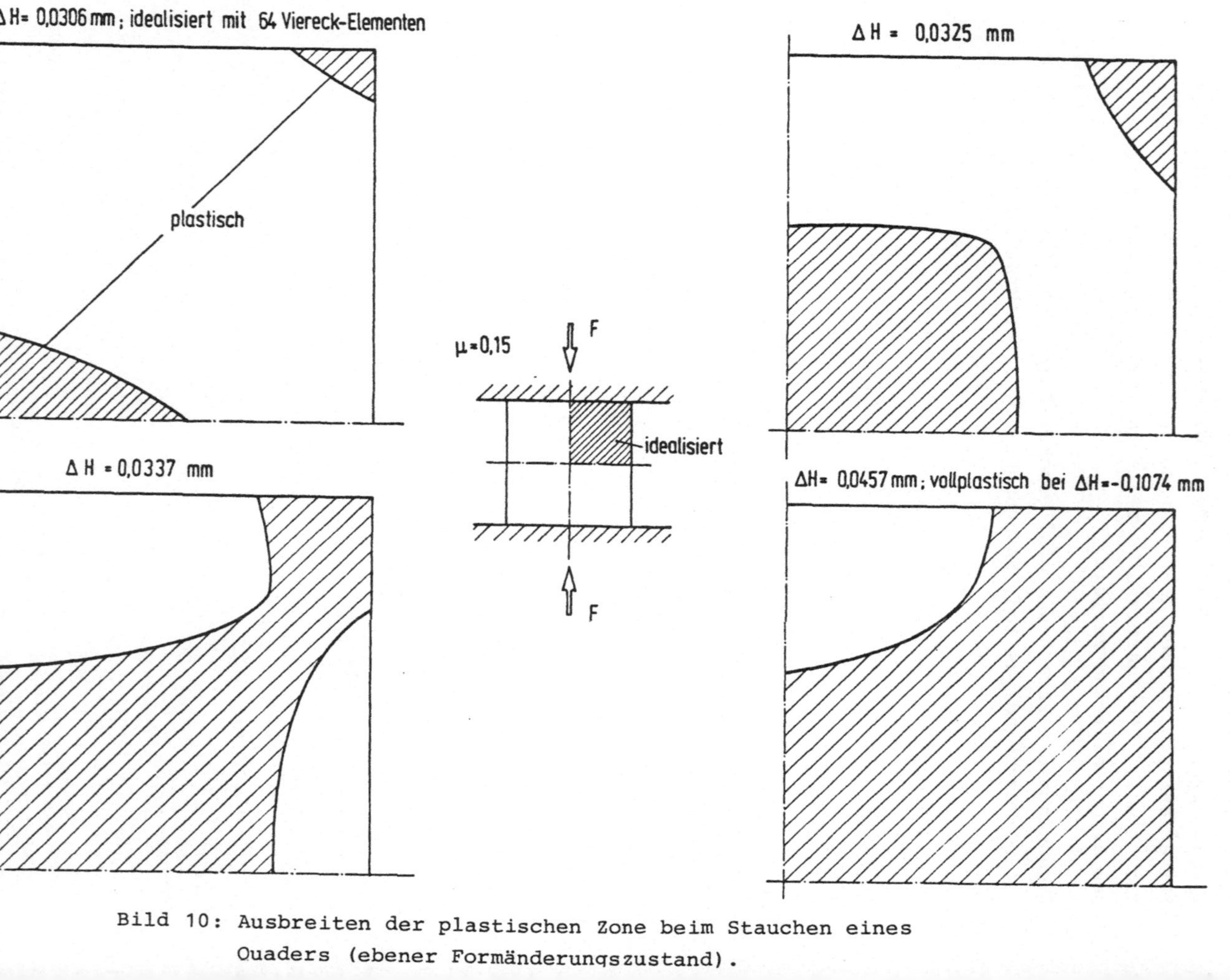

Bild 10: Ausbreiten der plastischen Zone beim Stauchen eines Quaders (ebener Formänderungszustand).

6 Beispielrechnungen

Im folgenden soll die Anwendung der einzelnen Verfahren auf Probleme der Kaltmassivumformung diskutiert werden. Je nach Problem wird dabei das am besten geeignete Verfahren benutzt.

6.1 Instationäre Vorgänge

6.1.1 Ebenes Stauchen

Mit dem FE-Programm mit elastisch-plastischem Werkstoffmodell wurde die Ausbreitung der plastischen Zone beim Stauchen eines Quaders berechnet. Die Struktur wurde dabei in 64 Viereckelemente eingeteilt, als Reibzahl wurde zwischen Werkstück und Werkzeug $\mu = 0,15$ angenommen. Aus Symmetriegründen wurde nur ein Viertel der Struktur idealisiert. Bild 10 zeigt die Ausbreitung der plastischen Zone bei verschiedenen Höhenabnahmen. Die Zone beginnt in der Mitte und am rechten oberen Rand der Probe. Die beiden Zonen bewegen sich bei weiterer Umformung in Richtung der Diagonale aufeinander zu, vereinigen sich und breiten sich anschließend in Richtung der zweiten Diagonale aus. Das Gebiet längs der Symmetrielinie direkt unter dem Stempel wird zum Schluß plastisch. Die Ausbreitung der plastischen Zone entspricht dem erwarteten Verlauf, da sich beim Stauchen das Gebiet unter dem Stempel durch kleine Formänderungen auszeichnet und zuletzt plastisch wird.

Als weiteres Beispiel wurde das ebene Querstauchen eines Zylinders berechnet. Die Struktur wurde mit 64 Dreieckelementen idealisiert. Aus Symmetriegründen wurde ebenfalls nur ein Viertel der Probe beschrieben. Es wurde zwischen Werkzeug und Werkstück keine Reibung angenommen. Bild 11 zeigt das Ausbreiten der plastischen Zone. Bemerkenswert dabei ist, daß Teile der Struktur im Bereich des größten Durchmessers sehr lange elastisch bleiben. Erst bei einer Höhenabnahme von ca. 5 mm ist die Struktur vollplastisch.

Das folgende Bild 12 zeigt den Verlauf von einzelnen Spannungskomponenten bei einer bezogenen Höhenänderung von

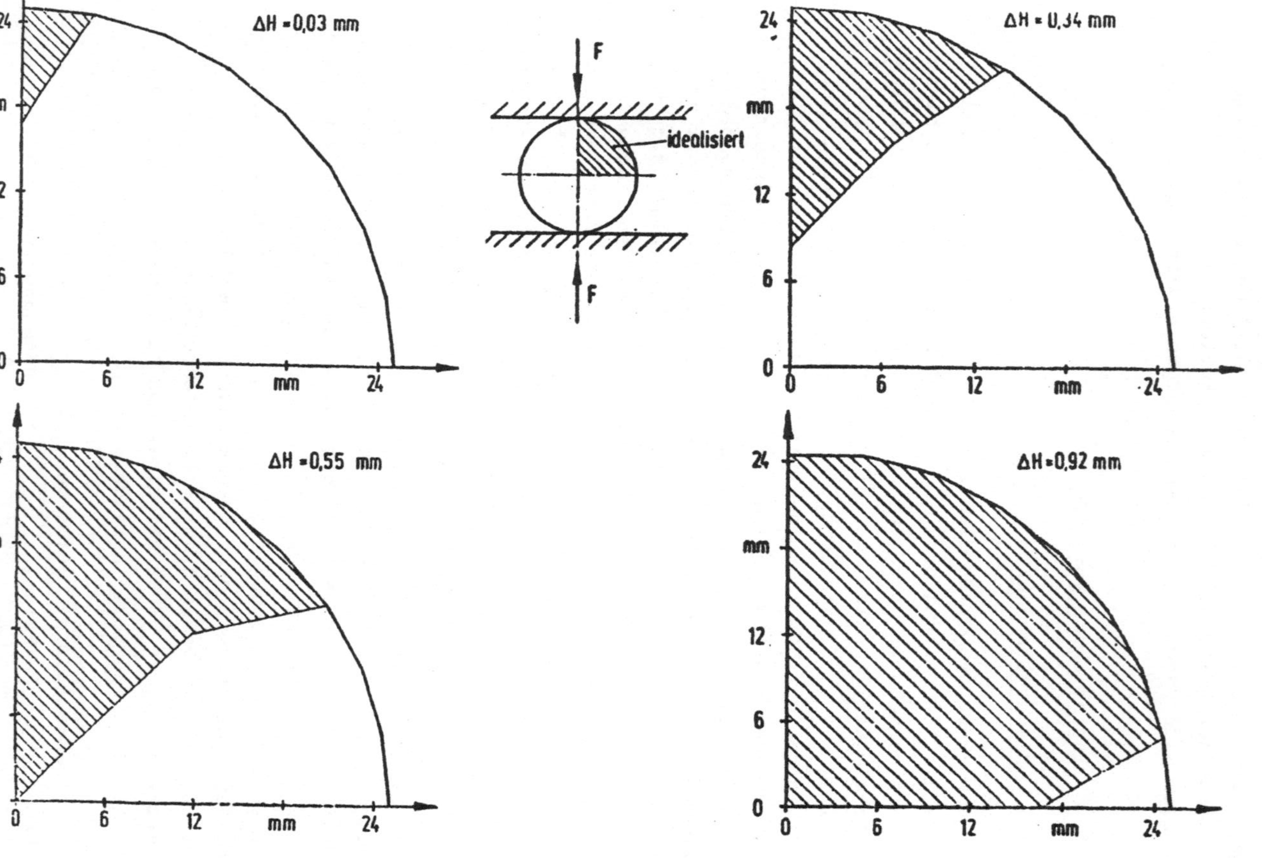

Bild 11: Querstauchen eines Zylinders: Ausbreiten der plastischen Zone (ebener Formänderungszustand).

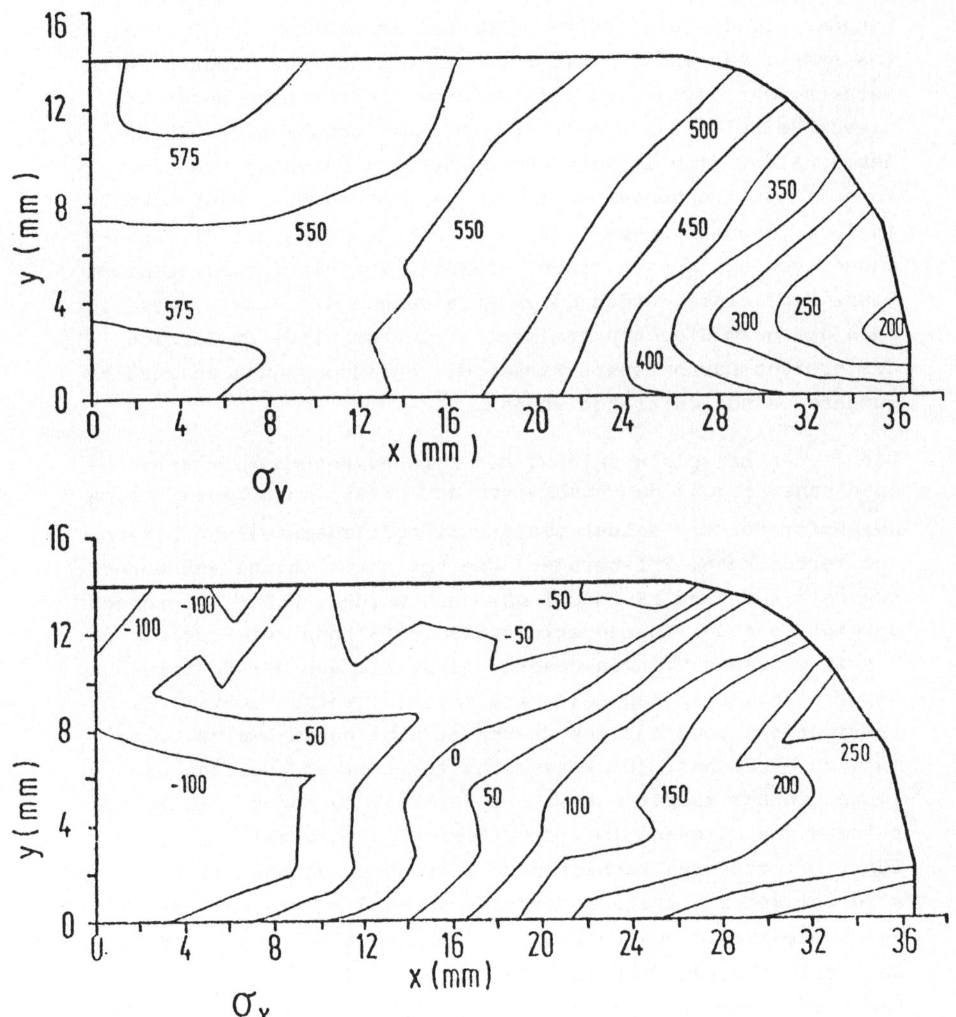

Bild 12: Querstauchen eines Zylinders, Verteilung der Spannungen σ_x und σ_v bei $\Delta_h/h_o = 0{,}42$.

$\Delta h/h_0 = 0{,}42$. Wie aus dem Verlauf der Vergleichsspannungen erkennbar, findet die größte Umformung im Zentrum des Querschnittes statt, während die Umformung im Bereich des größten Durchmessers sehr gering ist (als Anfangsfließspannung wurde bei diesem Beispiel 275 N/mm² gewählt). Bei zunehmender Höhenabnahme bildet sich im Bereich des größten Durchmessers eine Zone mit Zugspannungen in x- und y-Richtung aus, die, sowohl in ihrer geometrischen Größe als auch in bezug auf die Spannungen von außen nach innen, abhängig vom Umformgrad, zunimmt. Diese Ergebnisse werden durch Erfahrungen der Praxis bestätigt, nach der beim Stauchen kreisrunder Querschnitte im Bereich des größten Durchmessers Risse, die auf Zugspannungen zurückzuführen sind, auftreten können.

Die beiden Beispiele zeigen, daß mit der Methode der Anfangsspannungen sowohl das Ausbreiten der plastischen Zone als auch der Umformvorgang selbst qualitativ zufriedenstellend berechnet werden kann. Erfahrungen, die bei einer Anzahl von Berechnungen mit diesem FE-Modell gewonnen wurden, haben allerdings gezeigt, daß der Anwendbarkeit des Verfahrens auf Probleme der Massivumformung Grenzen gesetzt sind. Wie aus der Beschreibung des Verfahrens in Kapitel 4 ersichtlich, werden sehr viele Lastschritte benötigt, um überhaupt eine nennenswerte Umformung zu erreichen. (Um Konvergenz zu erhalten, sollten die einzelnen Lastschritte etwa 5 % der Last betragen, die zum Erreichen des Fließens im ersten Element erforderlich ist.) Dies führt bei größeren Problemen zu sehr hohen Rechenzeiten. Weiter wird bei jeder Iteration, bedingt durch die Tatsache, daß die Restknotenkräfte aus numerischen Gründen nicht exakt auf Null ausiteriert werden können, ein Fehler in der Gleichgewichtsbedingung begangen. Man kann diesen Fehler durch die Mitnahme der Restkräfte des vorherigen Lastschrittes als zusätzliche Belastung im nächsten Lastschritt zwar verringern, aber nicht ganz unterdrücken. Diese Fehler, die sich während der Berechnung aufaddieren, können, da für die Berechnung sehr viele Lastschritte erforderlich sind, zu falschen Spannungen führen. Weiter haben Beispielrechnungen gezeigt, daß bei sehr großen Deformationen die lineare Aufteilung der Dehnungen in einen elastischen und plastischen Anteil offensichtlich nicht mehr

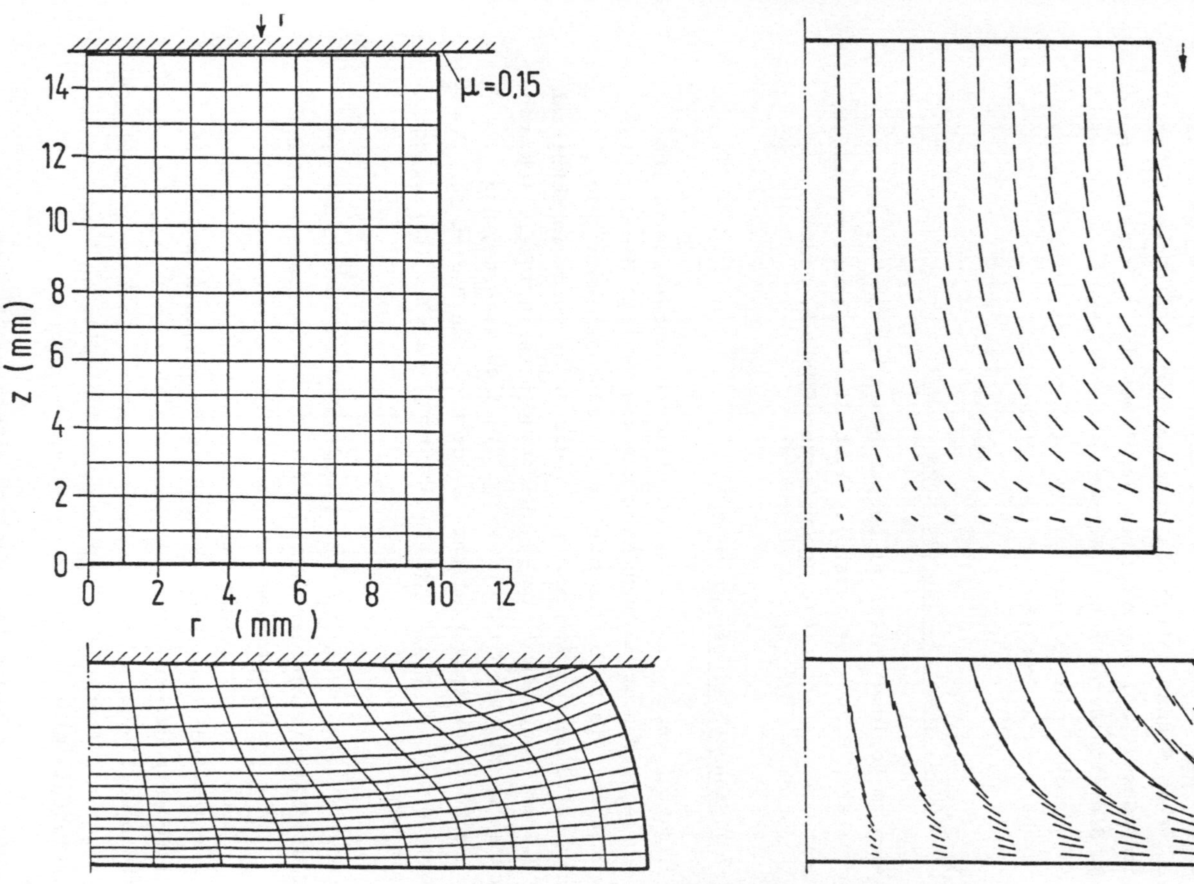

Bild 13: Axialsymmetrisches Stauchen, Idealisierung und Geschwindigkeitsfeld zu Beginn und bei $h/h_o = 0,4$.

gültig ist. Dies wird auch in [50] bestätigt.

Aus den hier angeführten Gründen erscheint es deshalb nur sinnvoll, mit dieser Methode Probleme zu berechnen, bei denen die elastischen Eigenschaften des Werkstoffes mit berücksichtigt werden müssen. Bei den üblichen Problemen der Kaltmassivumformung, die sich durch hohe Umformgrade auszeichnen, erscheint es angebracht, ein Verfahren zu verwenden, das die elastischen Eigenschaften des Werkstoffes vernachlässigt.

6.1.2 Axialsymmetrisches Stauchen

Aus den im vorigen Abschnitt besprochenen Gründen wurden für die weiteren Beispiele ausschließlich die Verfahren verwendet, die mit einem starr-plastischen Werkstoffmodell arbeiten.

6.1.2.1 Stauchen eines Zylinders

Die Struktur wurde mit 50 Viereckelementen idealisiert; aus Symmetriegründen wurde auch hier nur ein Viertel der Struktur beschrieben. Als Reibzahl wurde $\mu = 0,15$ angenommen. Die Schrittweite betrug 0,5 sec, d. h. die Probe wurde in Schritten von 0,5 mm "gestaucht", da als Werkzeuggeschwindigkeit 1 mm/s angenommen wurde. Das Bild 13 zeigt die Idealisierung und die Geschwindigkeitsverteilung in der Probe zu Beginn der Umformung und bei einer Höhenreduzierung von 60 % (entspricht $\varphi = 0,91$).

Während des Stauchens legt sich, bedingt durch den Reibungseinfluß, Material von der Zylinderoberfläche an die Stauchbahn an. Dieses Kontaktproblem wird durch Überprüfung der Geometrie nach jedem Zeitschritt erfaßt und kann mit der verwendeten FE-Methode ohne Schwierigkeiten beschrieben werden. Bei einer Höhenreduzierung von 60 % haben sich zwei Punkte der Zylinderoberfläche an die Struktur angelegt. Selbstverständlich kann das Rechenverfahren den kontinuierlichen Vorgang des Anlegens nur durch diskrete Schritte erfassen.

Wie aus Bild 13 weiter ersichtlich, führt das Anlegen von

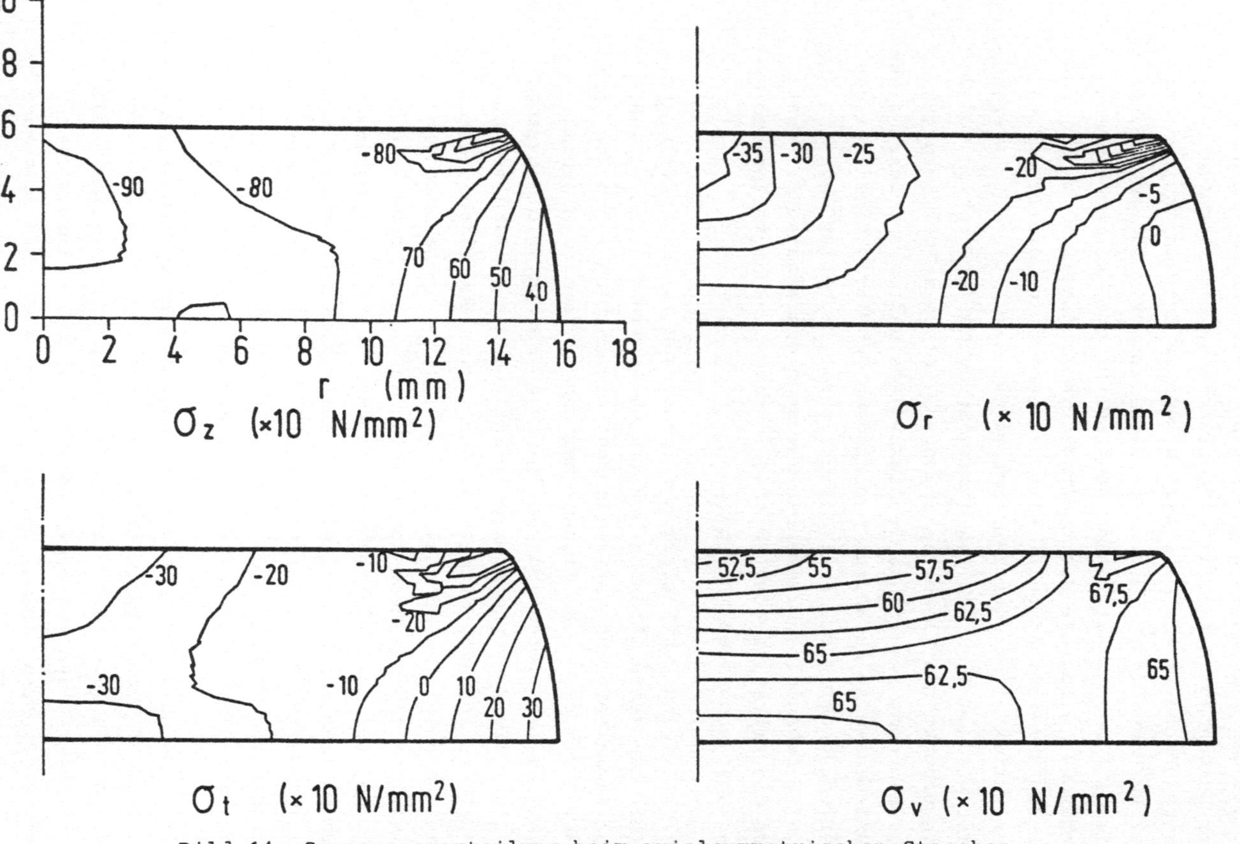

Bild 14: Spannungsverteilung beim axialsymmetrischen Stauchen, berechnet mit FEM.

Material an die Stauchbahn zu stark verzerrten Elementformen. So ist das ursprünglich quadratische Element am Übergang von der Stauchbahn zur Zylinderoberfläche zu einem Dreieck verzerrt. Diese starke Deformation kann zu Schwierigkeiten bei der Berechnung der Elementsteifigkeitsmatrix führen, da, falls dieses Element weiter als isoparametrisches Viereckelement behandelt wird, die Jacobi-Transformationsmatrix vom ξ-η-Raum in den r-z-Raum singulär wird und demzufolge die Determinante der Matrix nicht mehr bestimmt werden kann. Diese Schwierigkeit wird durch Reduktion der numerischen Integration auf den Schwerpunkt des Elementes umgangen. Sofern in der Struktur nur ein oder zwei Elemente dieses Typs auftreten, führt diese Vorgehensweise zu keinen numerischen Schwierigkeiten bei der Zerlegung der globalen Steifigkeitsmatrix. Allerdings ist in den so behandelten Elementen nur noch ein konstanter Ansatz für die Verteilung der Formänderungsgeschwindigkeiten und Deviatorspannungen möglich.

Bild 14 zeigt den Verlauf der Spannungen in der Struktur bei einer bezogenen Höhenabnahme von 60 %. Wie aus dem Verlauf der Radialspannung am freien Rand ersichtlich, wird die Forderung von $\sigma_r = 0$ am freien Rand näherungsweise eingehalten. Die Transformation des Spannungstensors in ein System, bei dem die Spannung senkrecht auf dem freien Rand steht, führte zu Normalspannungen an der freien Oberfläche, deren Maximum unter 5 N/mm², also um mehr als eine Zehnerpotenz niedriger als die höchsten Spannungen in der Probe liegt. Bei der Kontrolle der Schubspannungen (hier nicht dargestellt), die entlang der Symmetrielinien Null sein muß, ergeben sich Maximalwerte, deren Betrag unter 2 N/mm² lag. Es ist mit dem verwendeten FE-Modell also möglich, die Spannungsrandbedingungen zwar nicht exakt, aber doch näherungsweise einzuhalten.

Die Einhaltung der Spannungsrandbedingungen könnte allerdings, analog der Inkompressibilitätsbedingung, durch zusätzliche Zwangsbedingungen über Langrange-Parameter erzwungen werden [51]. Allerdings muß dabei, wie in Kapitel 4.2 diskutiert, darauf geachten werden, daß das System durch die Zwangsbedingungen nicht überbestimmt wird. Die Verwendung des in [51]

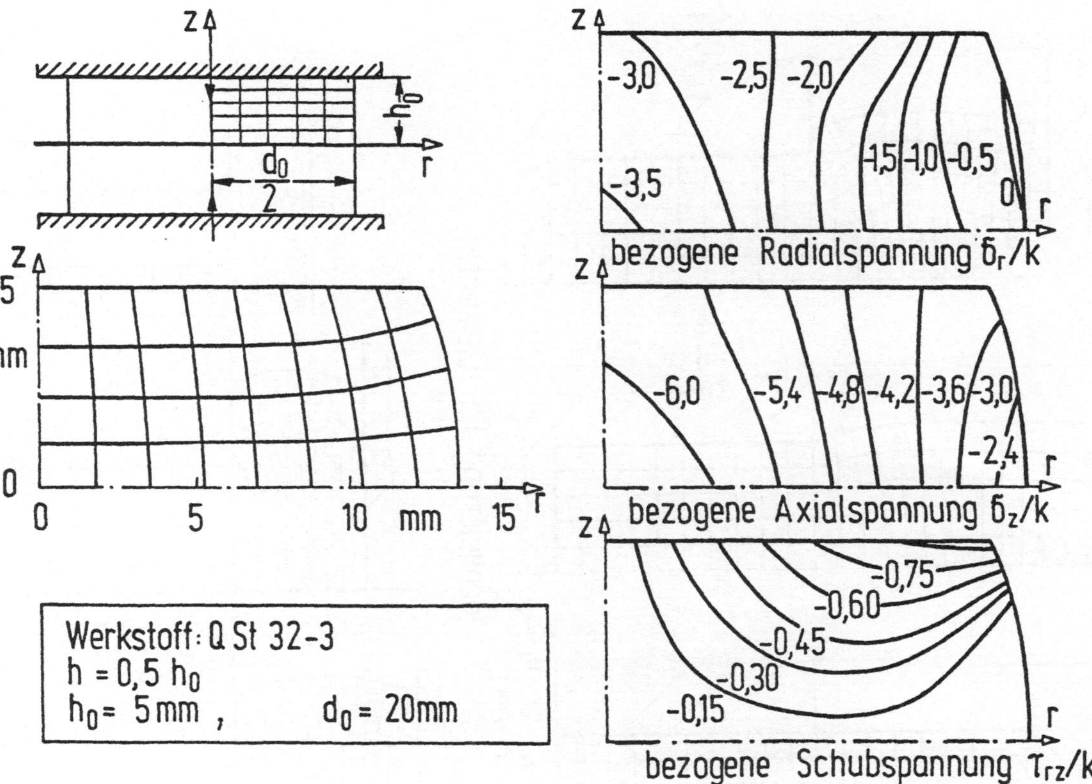

Bild 15: Spannungen beim axialsymmetrischen Stauchen, berechnet mit Fehlerabgleichverfahren.

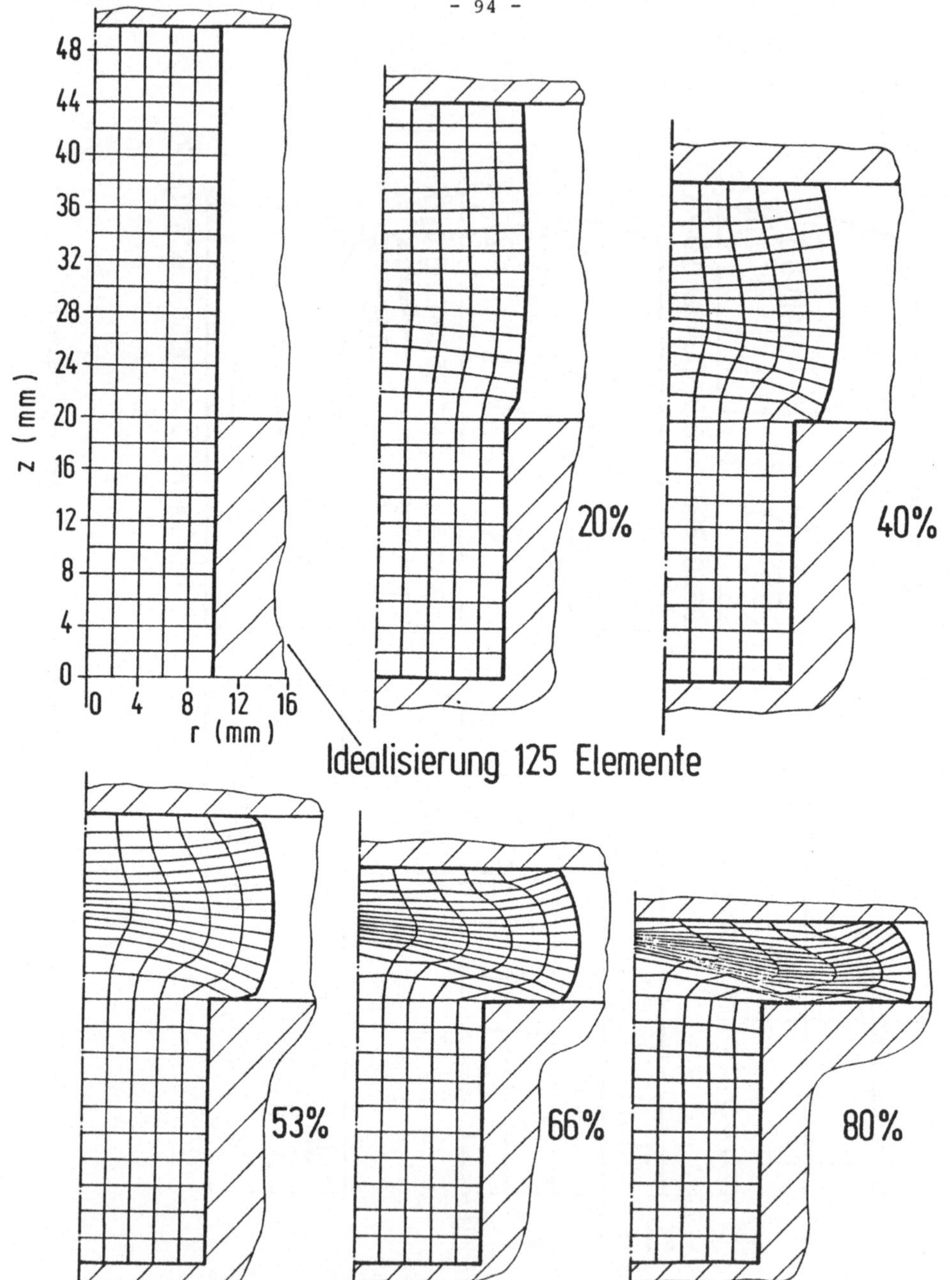

Bild 16: Anstauchen eines Kopfes, Idealisierung und verschiedene Stadien der Deformation, axialsymmetrischer Formänderungszustand.

dargestellten Verfahrens kann bei Problemen mit großen, freien Oberflächen Vorteile gegenüber der hier diskutierten Methode besitzen. Berechnungen haben allerdings gezeigt, daß mit der hier verwendeten Methode bei genügend feiner Idealisierung auch bei großen, freien Oberflächen die Spannungsrandbedingungen näherungsweise eingehalten werden können.

Die Berechnung des Stauchens einer axialsymmetrischen Probe mit Hilfe des Fehlerabgleichverfahrens ist in Bild 15 dargestellt. Dabei wurde eine Probe mit dem Verhältnis $h_o/d_o = 0,5$ auf halbe Höhe gestaucht. Wie aus dem Verlauf der Radialspannung am freien Rand erkennbar, sind hier die Spannungsrandbedingungen exakt eingehalten. Dasselbe läßt sich bei dem Verlauf der Schubspannungen längs den Symmetrielinien feststellen. Wie bereits diskutiert, kann bei dem Fehlerabgleichverfahren die Einhaltung von Spannungsrandbedingungen mit Hilfe zusätzlicher Fehlerabgleichungen erzwungen werden. Bei Fehlerabgleichverfahren konnte dagegen bei den Berechnungen kein Anlegen von Punkten der Zylinderoberfläche an die Stauchbahn beobachtet werden.

6.1.2.2 Anstauchen eines Kopfes

Als weiteres Beispiel für das axialsymmetrische Stauchen wurde das Anstauchen eines Kopfes berechnet. Die Probe mit einer Ausgangshöhe von 50 mm und einem Ausgangsdurchmesser von 20 mm wurde in 125 Viereckelemente eingeteilt. Im Bereich des Werkzeugs wurden am Boden die Axialverschiebung und über die Höhe die Radialverschiebung unterdrückt. Die Form der Struktur wurde nach jedem Zeitschritt nachkorrigiert, so daß der Punkt, der sich auf Höhe der unteren Werkzeugbahn befindet, nicht in das Werkzeug hineinrutschen konnte. Das Anlegen des Werkstücks an das Ober- bzw. Unterwerkzeug wurde durch einfache Geometrieabfragen erfaßt. Bild 16 zeigt die Idealisierung und verschiedene Stadien der Deformation. Bei einer Deformation von 80 % sind die Elemente zum Teil sehr stark verzerrt, so daß hier die Spannungsberechnung mit Fehlern behaftet wird. Der kontinuierliche Stauchvorgang wird bei dem hier verwendeten

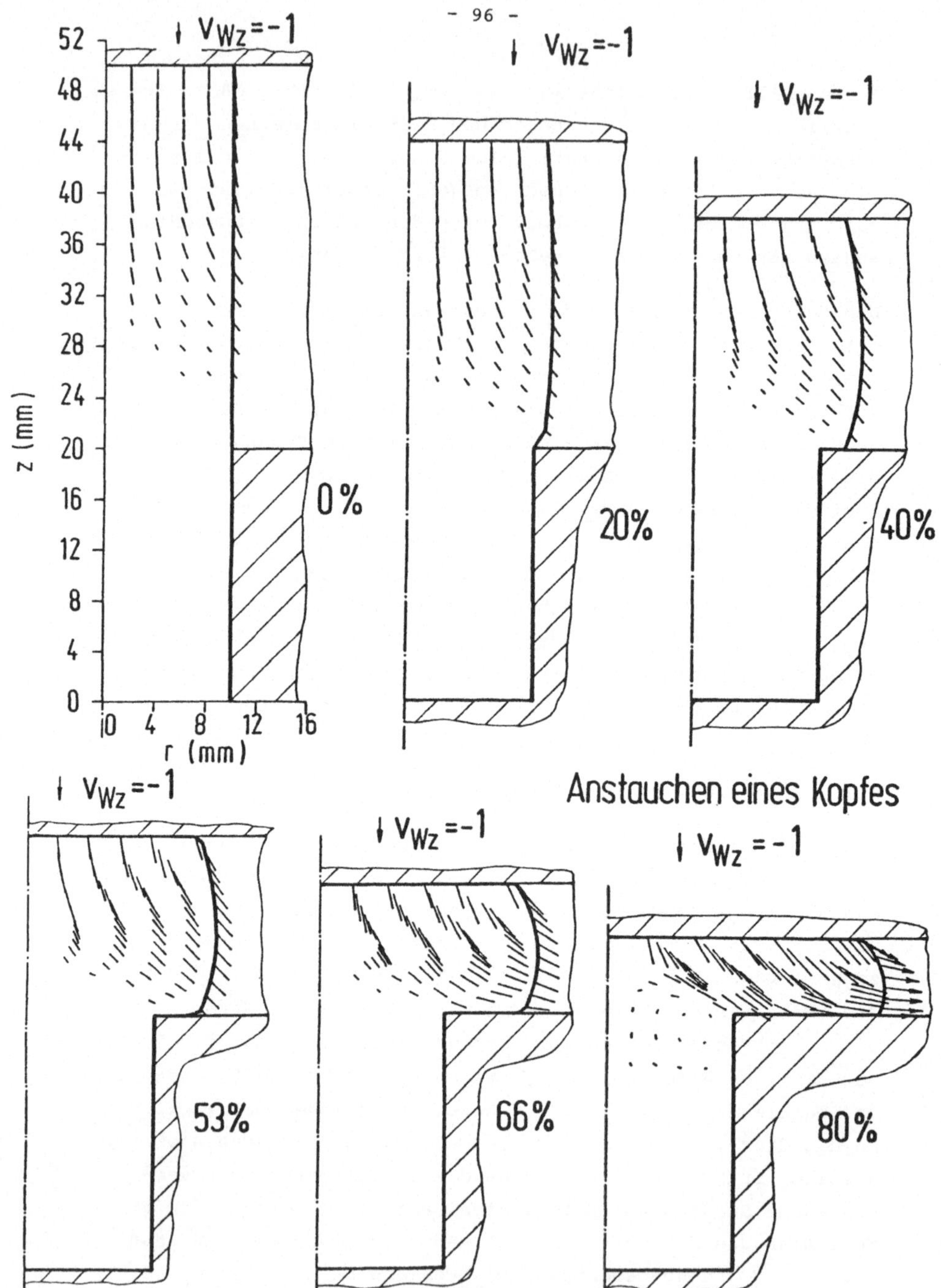

Bild 17: Anstauchen eines Kopfes, Geschwindigkeitsfelder bei verschiedenen Stadien der Deformation.

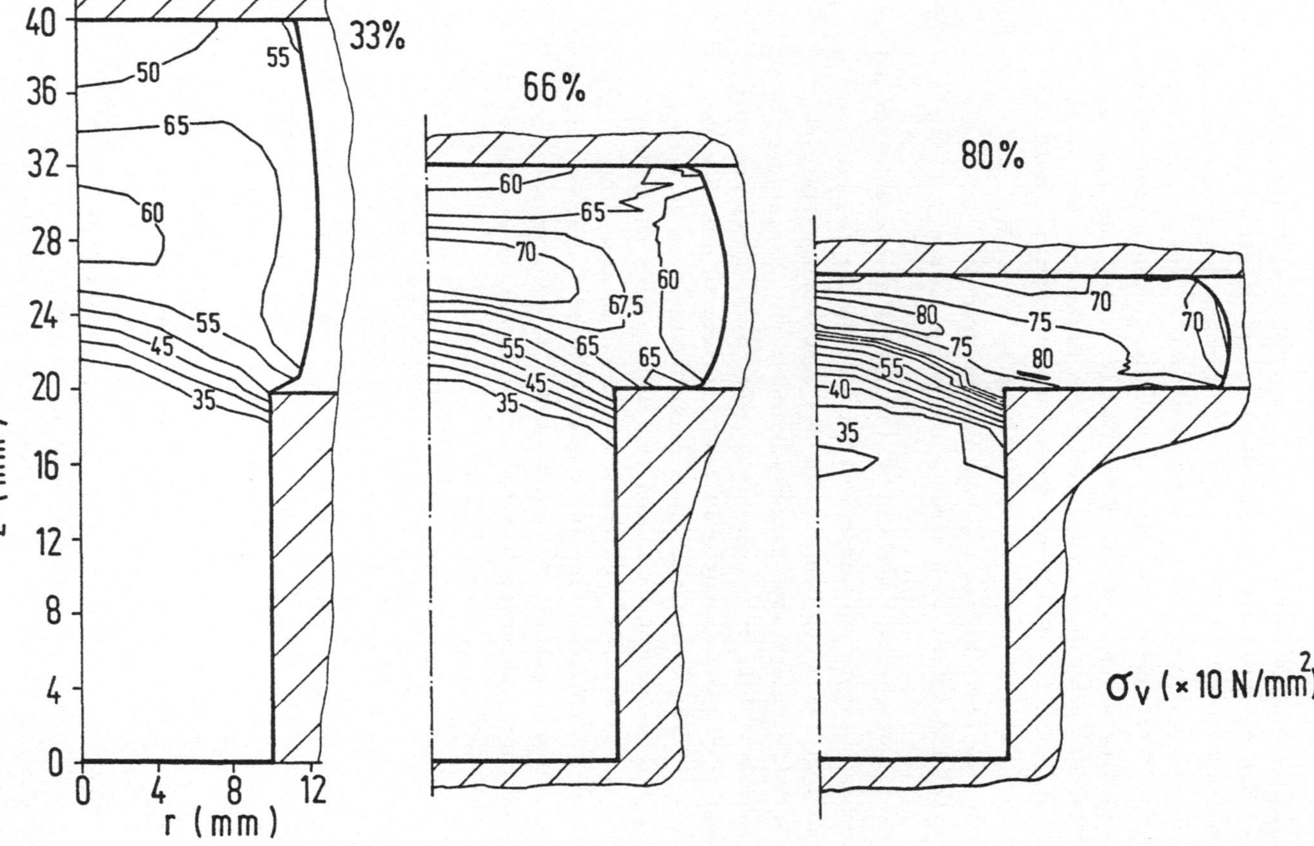

Bild 18: Anstauchen eines Kopfes, Vergleichsspannungen in der Struktur bei verschiedenen Stadien der Deformation.

Verfahren eine Anzahl quasi-stationärer Schritte aufgeteilt, wobei die Struktur des darauffolgenden Zeitschrittes aus der vorausgegangenen Struktur unter Zuhilfenahme des dabei berechneten Geschwindigkeitsfeldes bestimmt wird. Dies kann bei zu großen Verzerrungen dazu führen, daß die Elemente sich ineinander schieben. Die Berechnung muß in diesem Fall abgebrochen werden, die Kontrolle erfolgt über die Bestimmung der einzelnen Determinanten der Jacobi-Transformationsmatrix. Soll der Kopf noch weiter umgeformt werden, ist es notwendig, die Struktur neu zu idealisieren und dann weiterzurechnen. Auf diese Technik wird später noch näher eingegangen werden.

In den folgenden Bildern 17 und 18 sind Geschwindigkeitsfelder und Vergleichsspannungen bei verschiedenen Stadien der Deformation dargestellt. Wie aus dem Verlauf des Geschwindigkeitsfeldes sowie der Vergleichsspannungen erkennbar ist, bleibt der zylindrische Teil des Werkstückes während der Umformung weitgehend starr. Dies zeigt, daß das Verfahren in der Lage ist, auch Probleme mit sehr großen starren Gebieten zu berechnen. Die Spannungsberechnung in den starren Gebieten unterliegt dabei den in Kapitel 4 getroffenen Einschränkungen. Der Kraftwegverlauf zeigt den für ein solches Problem typischen Verlauf mit einem sehr starken Anstieg am Ende des Umformvorganges, bedingt durch die starke Durchmesservergrößerung und Verfestigung des Kopfes.

6.1.3 Querfließpressen

In diesem Beispiel soll gezeigt werden, daß es mit der FE-Methode möglich ist, das Auspressen von Werkstoff durch eine definierte Werkzeugform wirklichkeitsnah zu beschreiben.

Das folgende Bild 19 zeigt die Idealisierung und das Geschwindigkeitsfeld zu Beginn und am Ende des Umformvorganges. Die Probe wurde mit 52 Elementen idealisiert, im Bereich der Umformzone wurde die Einteilung feiner gewählt, als direkt unter dem Stempel. Das Auspressen des Werkstoffes wird wieder durch Geometrieabfragen während des Umformens erfaßt. Dabei werden Punkte, die aus dem zylindrischen Bereich des Werkzeu-

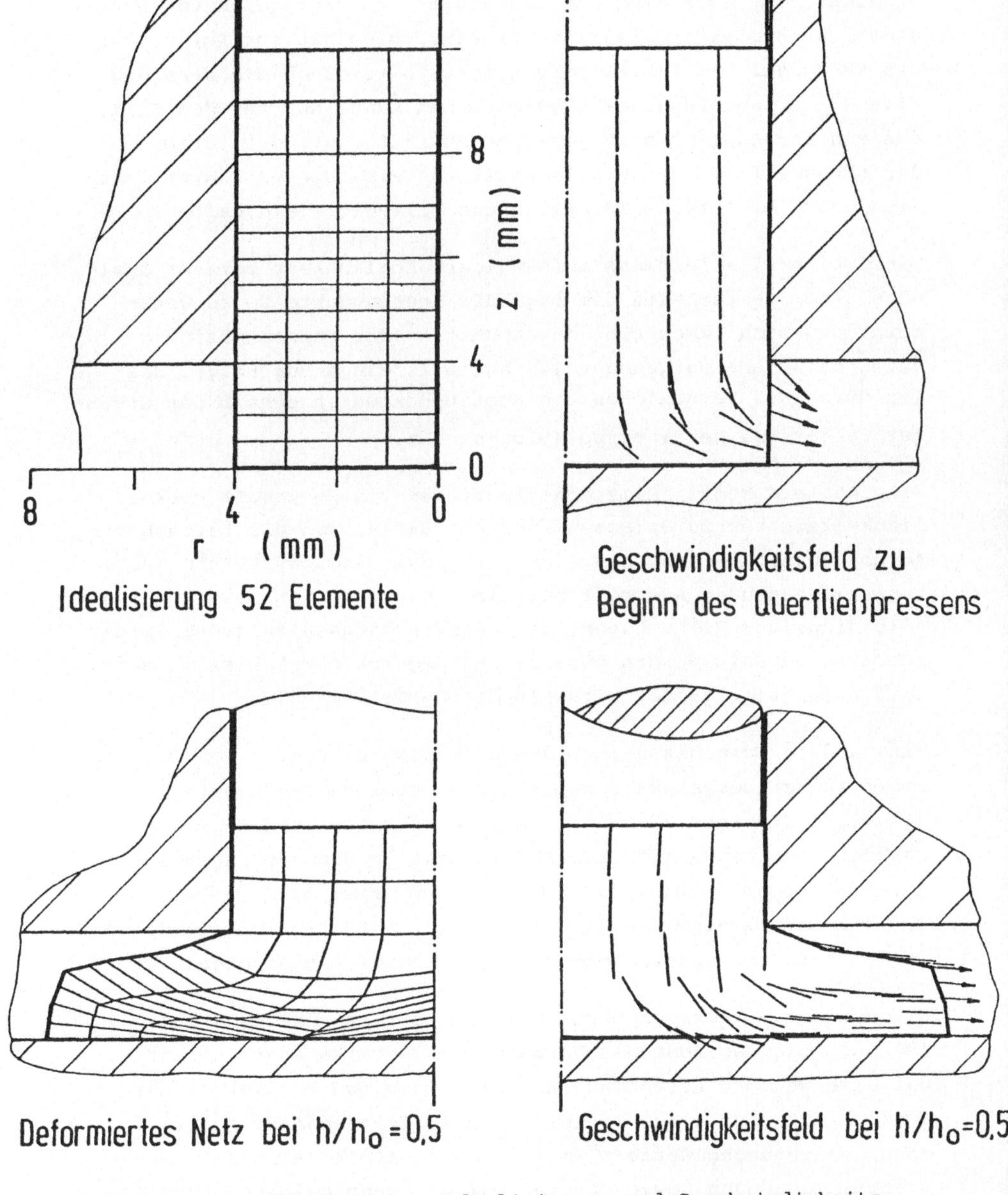

Bild 19: Querfließpressen, Idealisierung und Geschwindigkeitsfelder zu Beginn und Ende des Umformvorganges.

ges austreten, von ihrer Randbedingung befreit. Wie schon beim Anlegen von Werkstoff an die Stauchbahn beim axialsymmetrischen Stauchen, ist auch hier das kontinuierliche Austreten von Werkstoff durch diskrete Schritte ersetzt. Dies hat zur Folge, daß das FE-Modell das Austreten des Werkstoffs durch die Werkzeugöffnung nur näherungsweise beschreiben kann. Nur für den Fall, daß ein Knotenpunkt sich genau am Austritt befindet, stimmt das FE-Modell mit der Wirklichkeit überein. Dieser Fehler läßt sich durch eine feine Idealisierung beliebig klein halten.

Eine weitere, allerdings aufwendigere Möglichkeit besteht darin, nach jedem Zeitschritt die Lage der Knotenpunkte so zu verändern, daß sich immer ein Knotenpunkt an der Werkzeugöffnung befindet. Diese Vorgehensweise hat allerdings zur Folge, daß man durch das Verschieben von Knotenpunkten innerhalb der Struktur Fehler bei der Interpolation begeht.

Eine weitere Möglichkeit, das Austreten von Werkstoff wirklichkeitsgetreu zu erfassen, besteht darin, daß die Zeitschritte so gewählt werden, daß sich bei jedem Zeitschritt ein Knotenpunkt genau am Austritt befindet. Diese Vorgehensweise kann allerdings zur Folge haben, daß unter Umständen zu große Zeitschritte gewählt werden müssen, und dadurch der Fehler in der Zeitintegration größer wird als der Geometriefehler.

Eine andere Vorgehensweise, das Aus- bzw. Eintreten von Werkstoff in Werkzeuge exakt zu erfassen, stellen sogenannte singuläre Elemente dar [31]. Dabei wird zwischen den beiden Eckknotenpunkten ein freier Knotenpunkt im Element angenommen, der so verändert wird, daß er sich immer am Ein- bzw. Austritt des Werkzeuges befindet. Das ursprüngliche Viereckelement wird intern in entsprechend viele Dreieckelemente aufgeteilt.

Wie aus der verformten Struktur in Bild 19 zu erkennen ist, ist auch hier am Ende des Vorgangs das Netz so stark verzerrt, daß eine weitere Berechnung nur mit einem neu formierten Netz möglich ist. Auf diese Technik wird im folgenden Beispiel näher eingegangen werden. Im folgenden Bild 20 sind die Vergleichsspannungen sowie der Verlauf der Tangentialspannung zu Ende des Umformvorganges dargestellt. Die Tangentialspan-

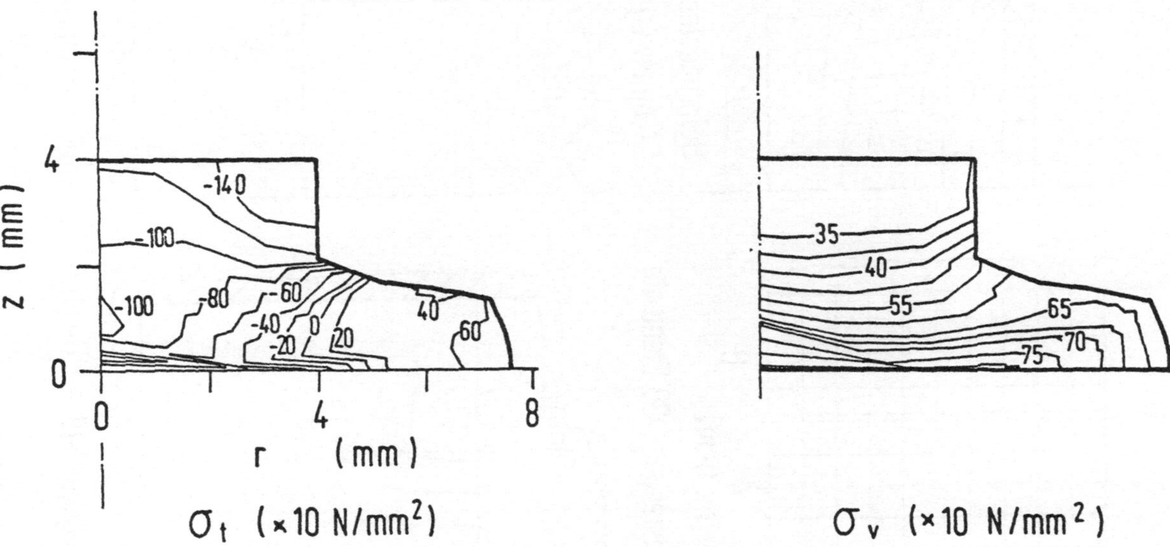

Bild 20: Querfließpressen, Vergleichs- und Tangentialspannungen am Ende des Vorganges.

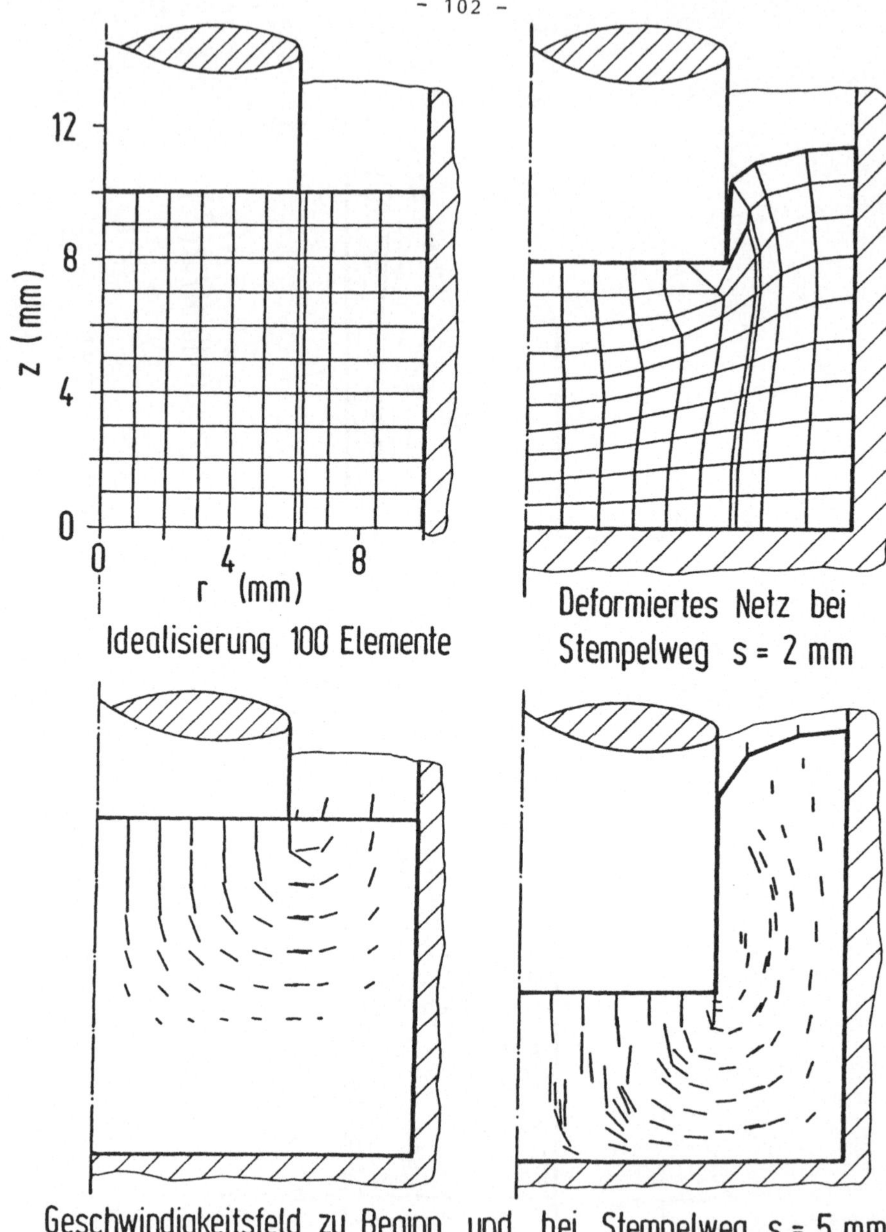

Bild 21: Napf-Rückwärts-Fließpressen, Idealisierung und Geschwindigkeitsfelder bei verschiedenen Stempelwegen.

nung erreicht dabei im äußeren Bereich des Ringes Werte von 600 N/mm². Diese dort auftretende Zugspannung wird durch Erfahrungen aus der Praxis bestätigt, da in diesem Bereich Risse, die durch Zugspannungen verursacht werden, auftreten können.

6.1.4 Napf-Rückwärts-Fließpressen

In diesem Beispiel soll die Möglichkeit des Neuformierens des FE-Netzes bei zu starker Verzerrung diskutiert werden. Das Napf-Fließpressen wurde deshalb gewählt, da bei diesem Vorgang sehr starke Verzerrungen im Bereich des Stempels auftreten. Durch entsprechende Idealisierung des Netzes wurde versucht, die Anzahl der benötigten Neuformierungen des Netzes so klein wie möglich zu halten. Das folgende Bild 21 zeigt die Ausgangsidealisierung, die deformierte Struktur bei einem Stempelweg von 2 mm, das Geschwindigkeitsfeld der Probe zu Beginn und bei einem Stempelweg von 5 mm. Wie zu ersehen, ist die Struktur nach einem Stempelweg von 2 mm derart verzerrt, daß einige Elemente irreguläre Formen haben. Es ist deshalb notwendig, vor einer weiteren Berechnung eine Neuformierung des Netzes vorzunehmen. Bei dieser Neuformierung sind mehrere Vorgehensweisen möglich.
Die erste Möglichkeit besteht darin, daß das Netz während der Rechnung bei Auftreten einer irregulären Elementform lokal neu aufgestellt wird. Diese Vorgehensweise ist nur bei kleinen Stempelwegen sinnvoll, da bei großen Umformungen zu viele Elemente ireguläre Formen annehmen können. In dem Beispiel wurde deshalb ein anderer Weg gewählt.

Das Programm prüft nach jedem Zeitschritt die Form der Elemente und beendet die Rechnung nach Überschreiten eines kritischen Wertes. Die einzelnen Elemente werden in Dreiecke aufgeteilt. Als Maß für die Deformierung der einzelnen Elemente wird das Verhältnis von Inkreis zu Umkreis angenommen. Alle Werte, die für einen neuen Start der Rechnung nötig sind, werden gerettet. Anschließend wird die Struktur, ausgehend von der bis jetzt erreichten Geometrie, neu erstellt. Nach Wiederbeginn der Rechnung wird die Lage der neuen Knotenpunkte im alten Netz festgestellt. Dies geschieht dadurch, daß die alte Idealisierung in Dreiecke ein-

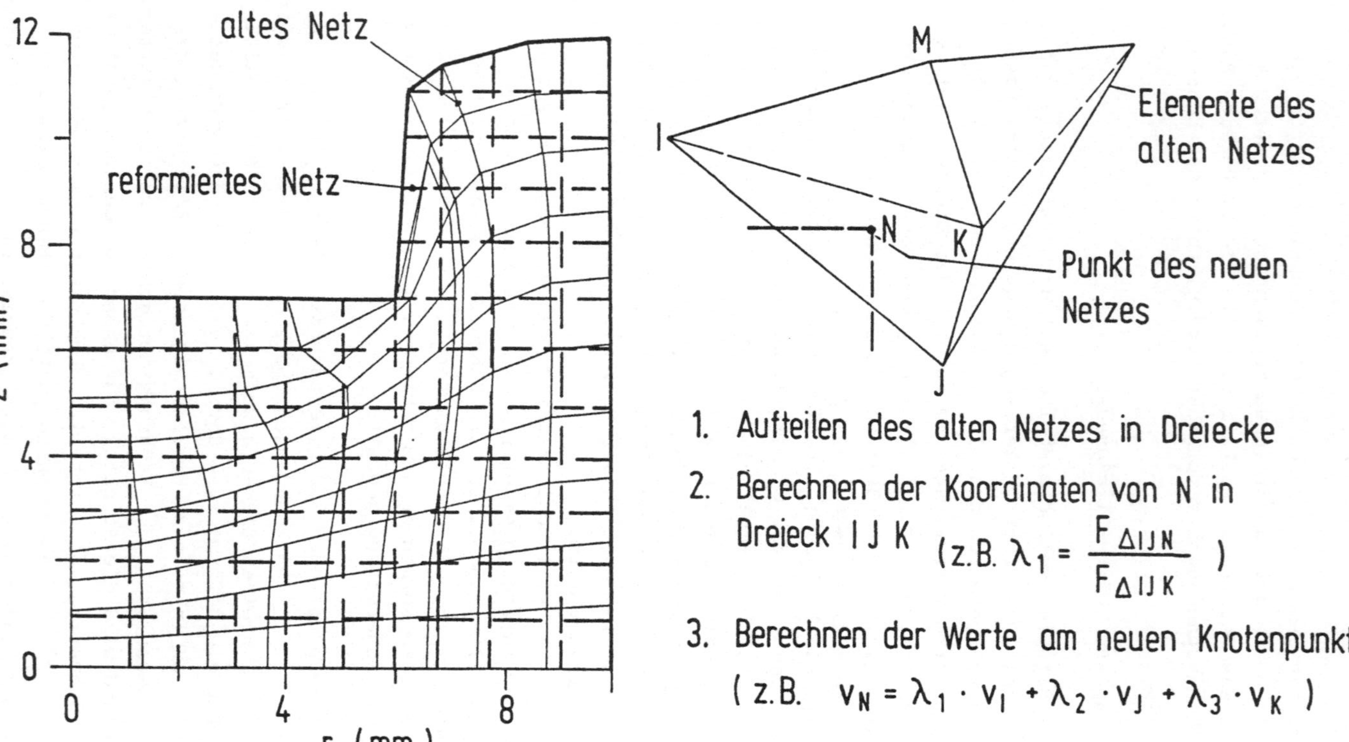

Bild 22: Neuformieren (Rezoning)eines deformierten FE-Netzes .

schieht dadurch, daß die alte Idealisierung in Dreiecke eingeteilt wird und die Lage des Knotenpunktes in diesem Netz bestimmt wird. Durch lineare Interpolation werden die Werte vom alten Netz (z. B. Dehnungen, Geschwindigkeiten, Spannungen usw.) auf das neue Netz übertragen. Bild 22 zeigt die prinzipielle Vorgehensweise bei einer solchen Neuformierung. Mit den auf diese Weise ermittelten Werten wird die Rechnung neu gestartet und die Struktur weiter umgeformt, bis zu dem Zeitpunkt, in dem das neue Netz wieder so deformiert ist, daß es reformiert werden muß.

Bei dieser Vorgehensweise macht man einen Fehler, der daraus resultiert, daß z. B. bei den hier verwendeten Viereckelementen die Ansätze für die Geschwindigkeiten bilinear sind, während bei der Neuformierung nur linear interpoliert wird. Ein zu häufiges Neuformieren des Netzes ist deshalb nicht zu empfehlen. In dem hier diskutierten Beispiel wurde die Struktur einmal reformiert und anschließend bis zu einem Stempelweg von 5 mm gerechnet. Dabei wurde die Struktur allerdings wieder so stark deformiert, daß für eine Weiterrechnung ein erneutes Neuformieren nötig gewesen wäre. Das Neuformieren eines Netzes stellt einen erheblichen manuellen Aufwand dar, weil, ausgehend von der umgeformten Struktur, die in der Regel nicht so regelmäßig ist wie die Ausgangsstruktur, ein neues Netz erstellt werden muß. Die Beschreibung des neuen Netzes läßt sich in der Regel mit den in dem Programm eingebauten Vorlaufprogrammen nicht automatisieren, sondern muß element- und knotenweise erfolgen. Eine Automatisierung dieses Vorganges erscheint angesichts der vielfältigen Formen, die eine deformierte Struktur annehmen kann, nicht sehr erfolgversprechend.

6.1.5 Gesenkschmieden

In den bis jetzt behandelten Beispielen hatten die Umformwerkzeuge alle eine sehr einfache geometrische Form. Das Anlegen bzw. Abheben von Werkstoff konnte durch Geometrieabfragen nach jedem Zeitschritt relativ einfach festgestellt werden.

In dem hier diskutierten Beispiel soll das Gesenkschmieden

einer zylindrischen Ausgangsprobe berechnet werden. Das Werkzeug hat dabei die in Bild 23 angenommene Form. Neben den Angaben über die Struktur der Ausgangsprobe sind für die Berechnung eines solchen Vorganges noch Informationen über die Form des Werkzeuges notwendig. Sowohl das Ober- als auch das Unterwerkzeug wurde durch Polygonzüge angenähert. Das Unterwerkzeug wurde als fest angenommen, das Oberwerkzeug als beweglich. Nach jedem Zeitschritt wird die neue Struktur des Werkstückes sowie die neue Lage des Oberwerkzeuges bestimmt. Anschließend wird abgeprüft, ob irgend welche Punkte des Werkstücks mit dem Werkzeug kollidiert haben bzw. das Werkzeug durchdringen. In einem solchen Falle wird die Geometrie korrigiert und die Geschwindigkeit an den Begrenzungsflächen zwischen Werkstück und Werkzeug neu berechnet. Je nach Form des Polygonabschnittes, in dem der Punkt das Werkzeug berührt, werden den Strukturpunkten entsprechende Randbedingungen gegeben. Die folgende Skizze

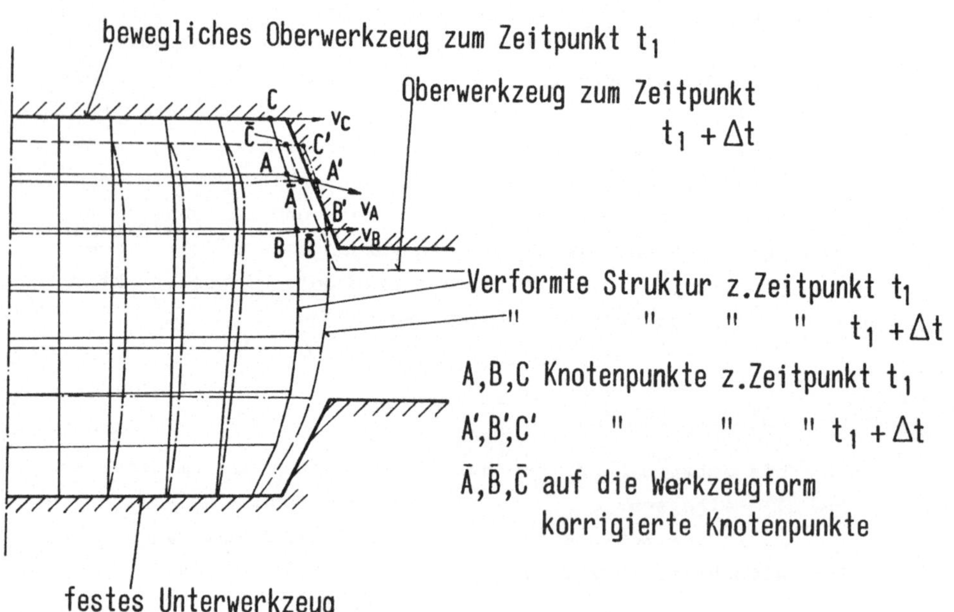

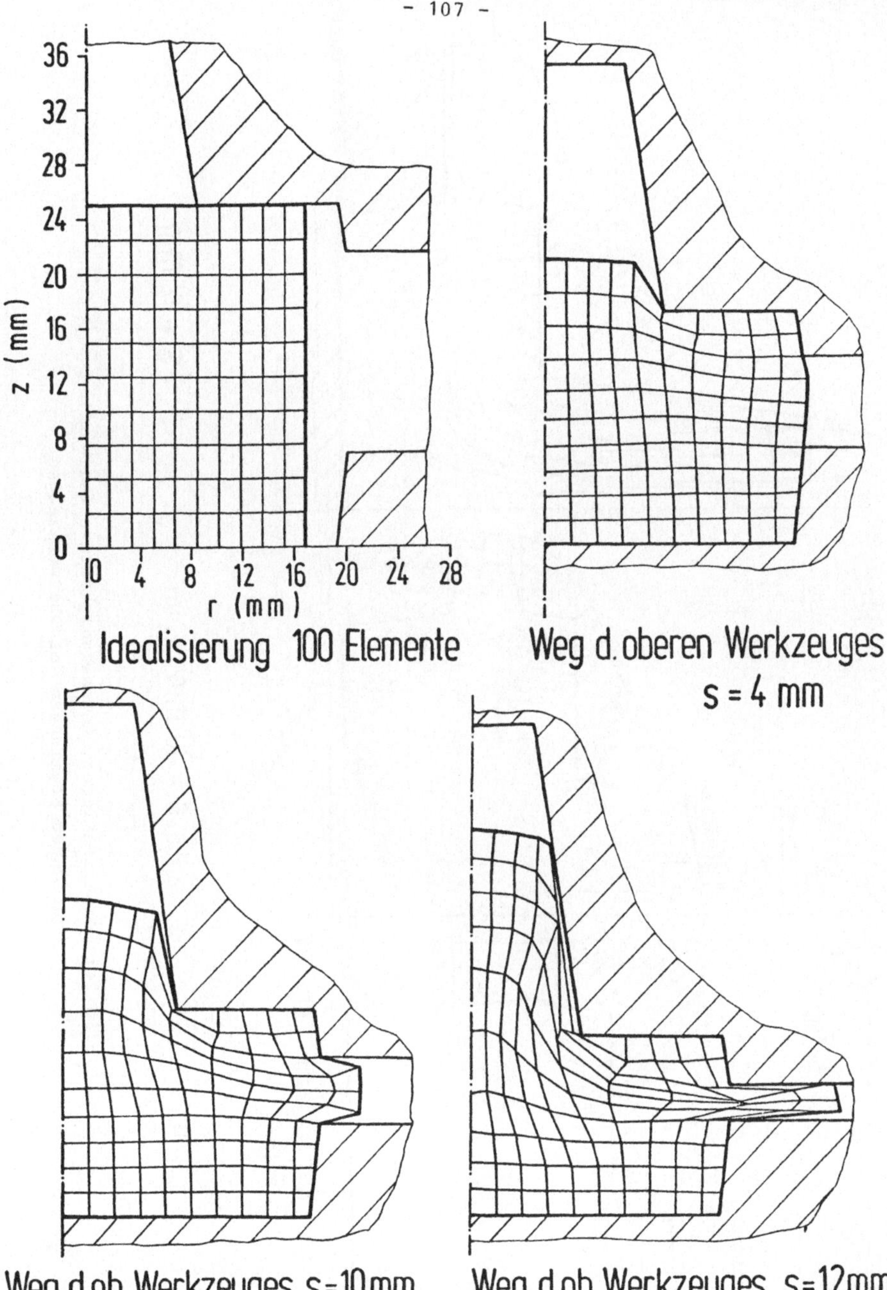

Bild 23: Gesenkschmieden, Idealisierung und deformierte Struktur bei verschiedenen Stellungen des Oberwerkzeugs.

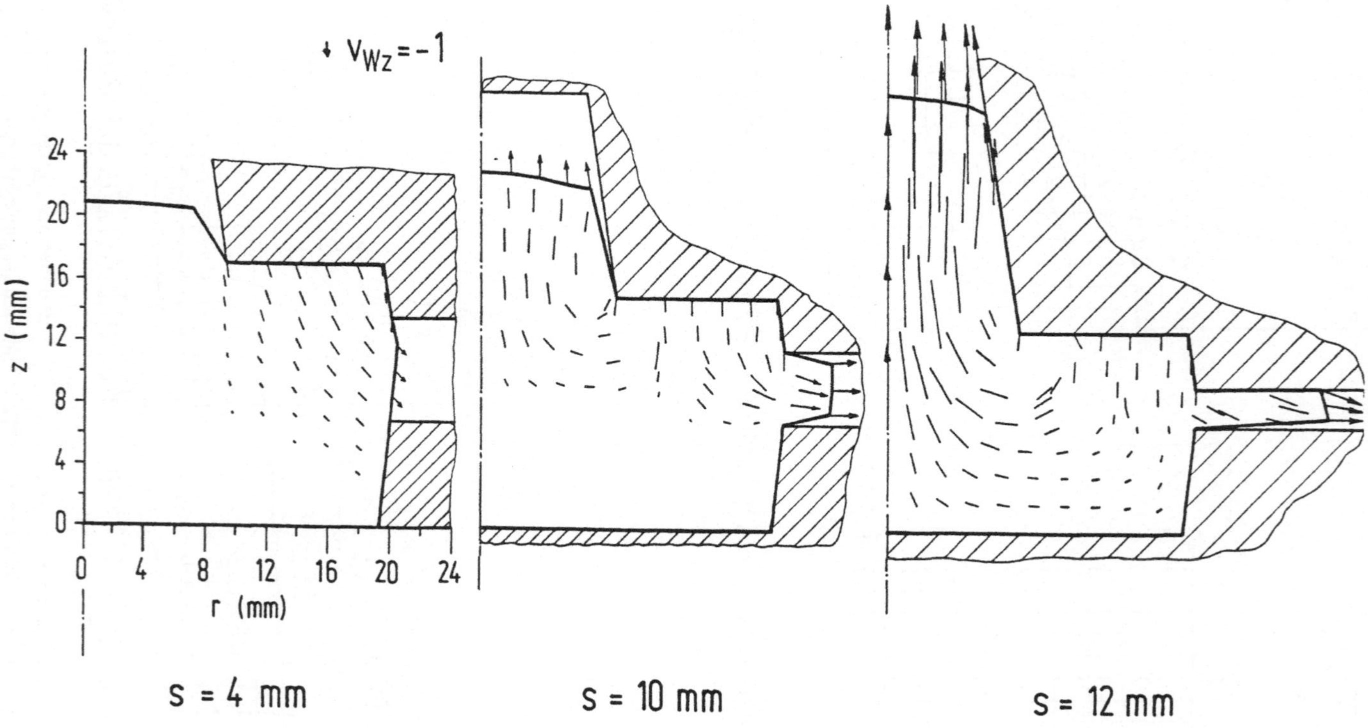

Bild 24: Gesenkschmieden, Geschwindigkeitsverteilung bei verschiedenen Stellungen des Oberwerkzeuges.

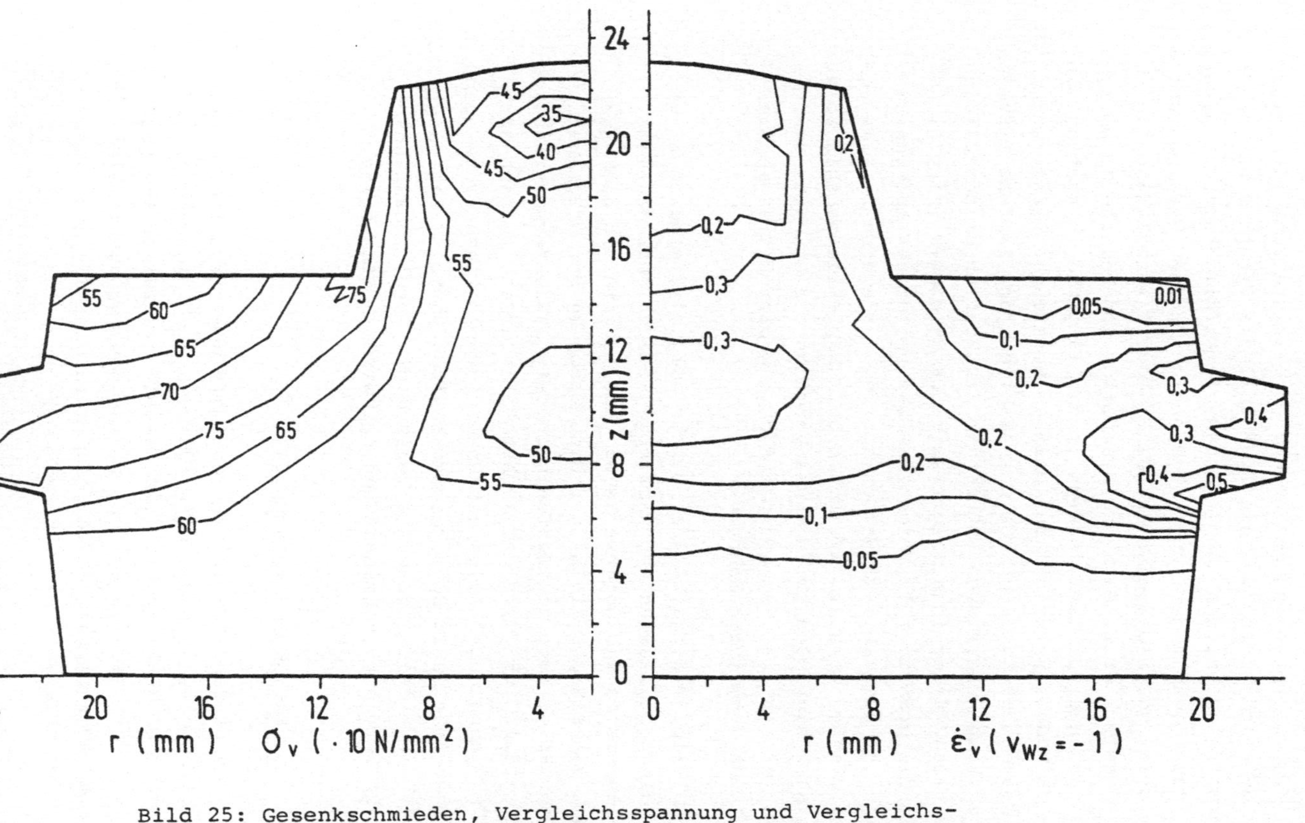

Bild 25: Gesenkschmieden, Vergleichsspannung und Vergleichsformänderungsgeschwindigkeit bei einem Gratspalt von 4 mm.

zeigt die Vorgehensweise. An der Ausbildung des Zapfens in Bild 23 bei verschiedenen Werkzeugstellungen läßt sich hier sehr deutlich sehen, daß ein FE-Modell die Struktur nur näherungsweise nachbilden kann. Während in Wirklichkeit das Material kontinuierlich in dem Zapfen hochsteigen und am Werkzeug anliegen würde, geschieht dies in dem FE-Modell verhältnismäßig spät, nämlich erst bei einem Stempelweg von beinahe 10 mm. Ein Grund hierfür ist wiederum in der Tatsache zu suchen, daß beim FE-Modell Werkstoff nur dann am Werkzeug anliegt, wenn ein Knotenpunkt anliegt. Um das Ausbilden des Zapfens wirklichkeitsgetreu zu erfassen, müßte die Struktur in diesem Bereich wesentlich feiner idealisiert sein. Da in diesem Beispiel vor allem die prinzipielle Vorgehensweise bei dieser Art von Berechnungen demonstriert werden sollte, wurde eine regelmäßige Idealisierung gewählt. Wie schon beim Napf-Fließpressen zeigt sich auch hier, daß am Ende des Vorgangs die Struktur sehr stark verzerrt ist, so daß die Rechnung hier bei einem Gratspalt von 2 mm abgebrochen wurde.

Die in Bild 24 dargestellten Geschwindigkeitsfelder bei verschiedenen Stellungen des Werkzeuges zeigen sehr deutlich, wie als erstes das Unterwerkzeug gefüllt wird und nach Ausbilden eines Gratspaltes, der eine Erhöhung der Druckspannungen zur Folge hat, der Zapfen hochsteigt. Nachdem das Untergesenk gefüllt ist, wird der Werkstoff in diesem Bereich starr. Die Umformung nach Füllen des Untergesenkes findet vorwiegend in einer Scheibe in Höhe des Gratspaltes sowie im Zapfen statt, wie der in Bild 25 gezeigte Verlauf der Vergleichsspannung und der Vergleichsformänderungsgeschwindigkeiten zeigt.

6.1.6 Instationäres Fließpressen

Das Fließpressen wird in der Regel als quasi-stationärer Vorgang behandelt, da nach Überwinden des instationären Anlaufvorganges sich ein stationärer Zustand einstellt. Mit diesem Beispiel soll gezeigt werden, daß es mit dem entwickelten FE-Programm möglich ist, einen solchen instationären Anlaufvorgang beim Fließpressen zu berechnen.

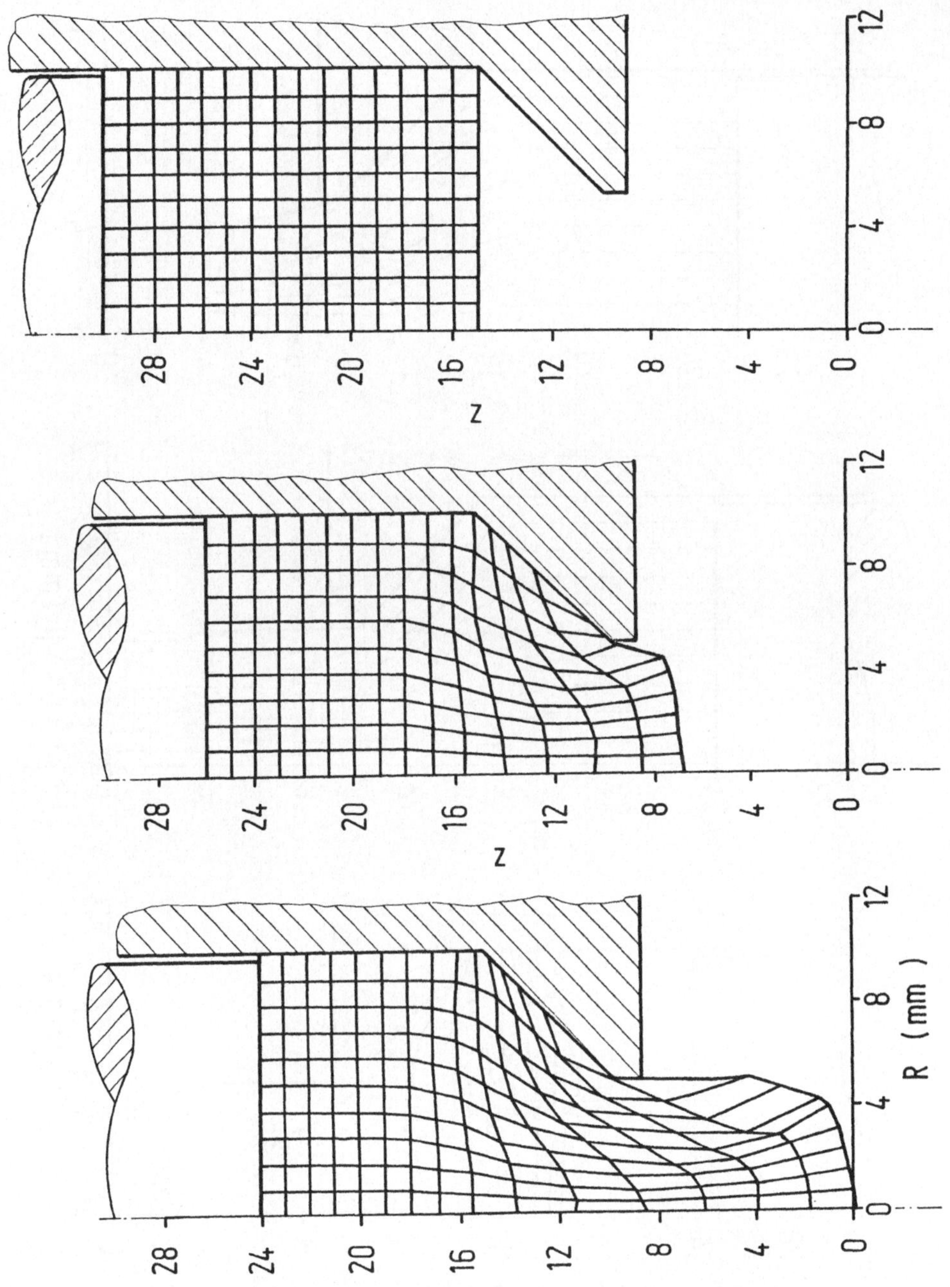

Bild 26: Instationäres Fließpressen, Idealisierung und deformierte Struktur bei verschiedenen Stempelwegen.

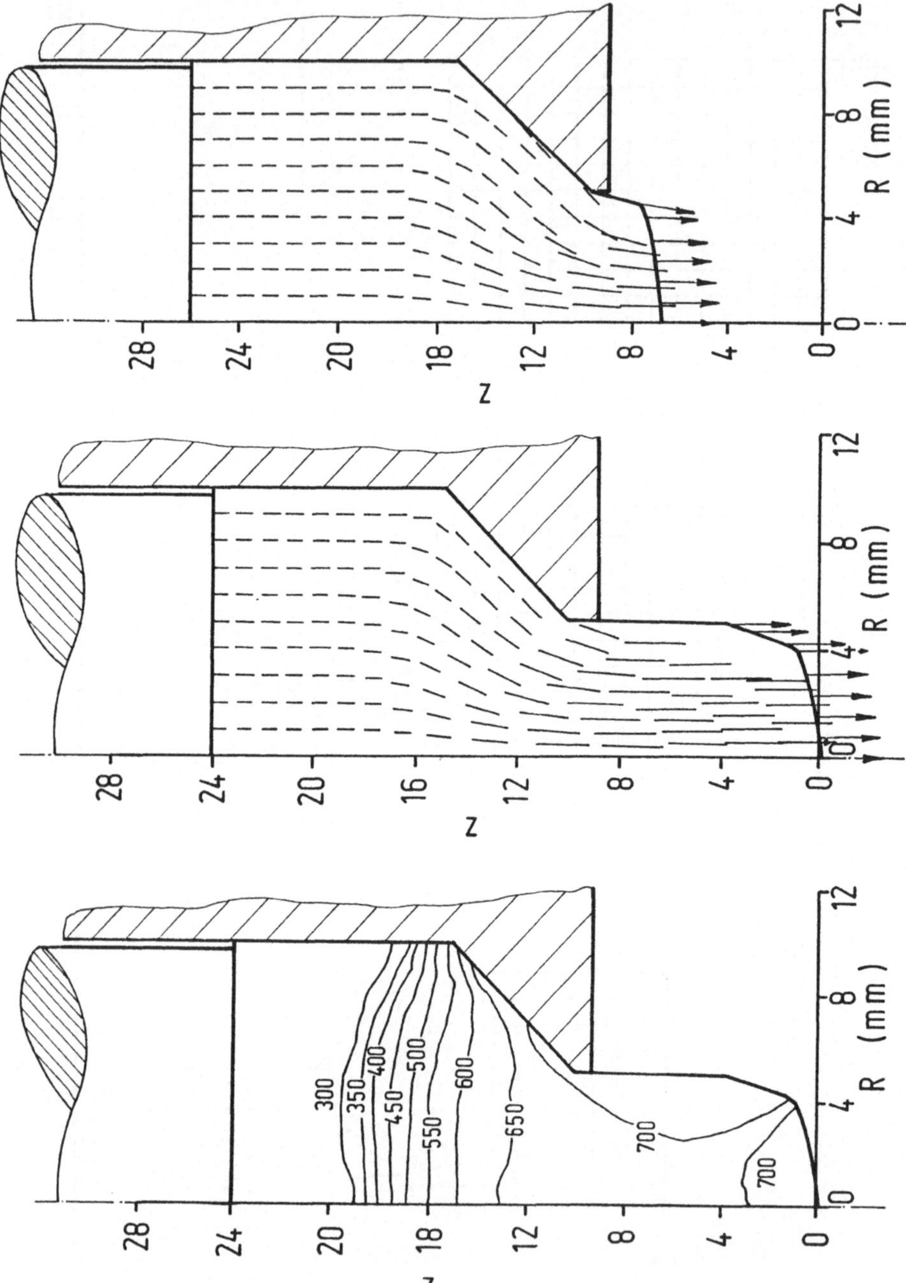

Bild 27: Instationäres Fließpressen, Geschwindigkeitsfelder bei verschiedenen Stempelwegen und Vergleichsspannung am Ende des Vorganges.

Das folgende Bild 26 zeigt die Idealisierung des Problems sowie die deformierte Struktur bei den Stempelwegen 4 mm und 6 mm. Es wurde von einer zylindrischen Probe mit der Höhe 15 mm und dem Durchmesser 20 mm ausgegangen. Der Schulteröffnungswinkel beträgt 90 °, der Enddurchmesser 10 mm, das entspricht einem Umformgrad von φ = 1,38. Die Matrize wird dabei als festes Werkzeug angenommen, der Stempel als bewegliches Werkzeug.

Der instationäre Vorgang wird in eine Anzahl von quasi-stationären Schritten aufgeteilt. Die Schrittweite betrug 0,2 mm, d. h. nach Finden des Geschwindigkeitsfeldes wird der Stempel um 0,2 mm bewegt, anschließend wird festgestellt, welche Knotenpunkte des Werkstückes das Werkzeug berühren bzw. durchdringen und evtl. Randbedingungen festgelegt. Nach diesen vorbereitenden Arbeiten wird für die neue Geometrie ein Geschwindigkeitsfeld bestimmt, das als Ausgangsfeld für den nächsten Zeitschritt verwendet wird usw.

Wie aus den deformierten Strukturen sehr schön zu erkennen ist, eilt der Werkstoff in der Mitte vor und bewegt sich gleichzeitig von der Symmetrieachse nach außen. Dieses Verhalten des Werkstoffes wird durch zahlreiche visioplastische Messungen bestätigt [52]. Bei einem Stempelweg von 7 mm wurde die Rechnung abgebrochen, da das Netz vor allem im Austrittsbereich des Werkzeuges sehr stark verzerrt ist.

Die im folgenden Bild 27 dargestellten Geschwindigkeitsfelder zeigen sehr anschaulich den Verlauf der Stromlinien bei zwei verschiedenen Stadien des Anlaufvorganges. Nach dem Austreten des Werkstoffes aus dem Werkzeug verlaufen die Stromlinien praktisch parallel. Etwa 5 mm nach Austritt aus dem Werkzeug ist der Werkstoff starr. Dies wird auch durch den Verlauf der Vergleichsspannungen in der Struktur bei einem Stempelweg von 6 mm bestätigt (Bild 27).

Die Umformkraft steigt mit zunehmendem Stempelweg beinahe linear an und erreicht bei einem Stempelweg von 5 mm einen stationären Wert von ca. 350 kN, der Wert bestimmt aus einer stationären Berechnung ergibt für diesen Umformgrad eine Um-

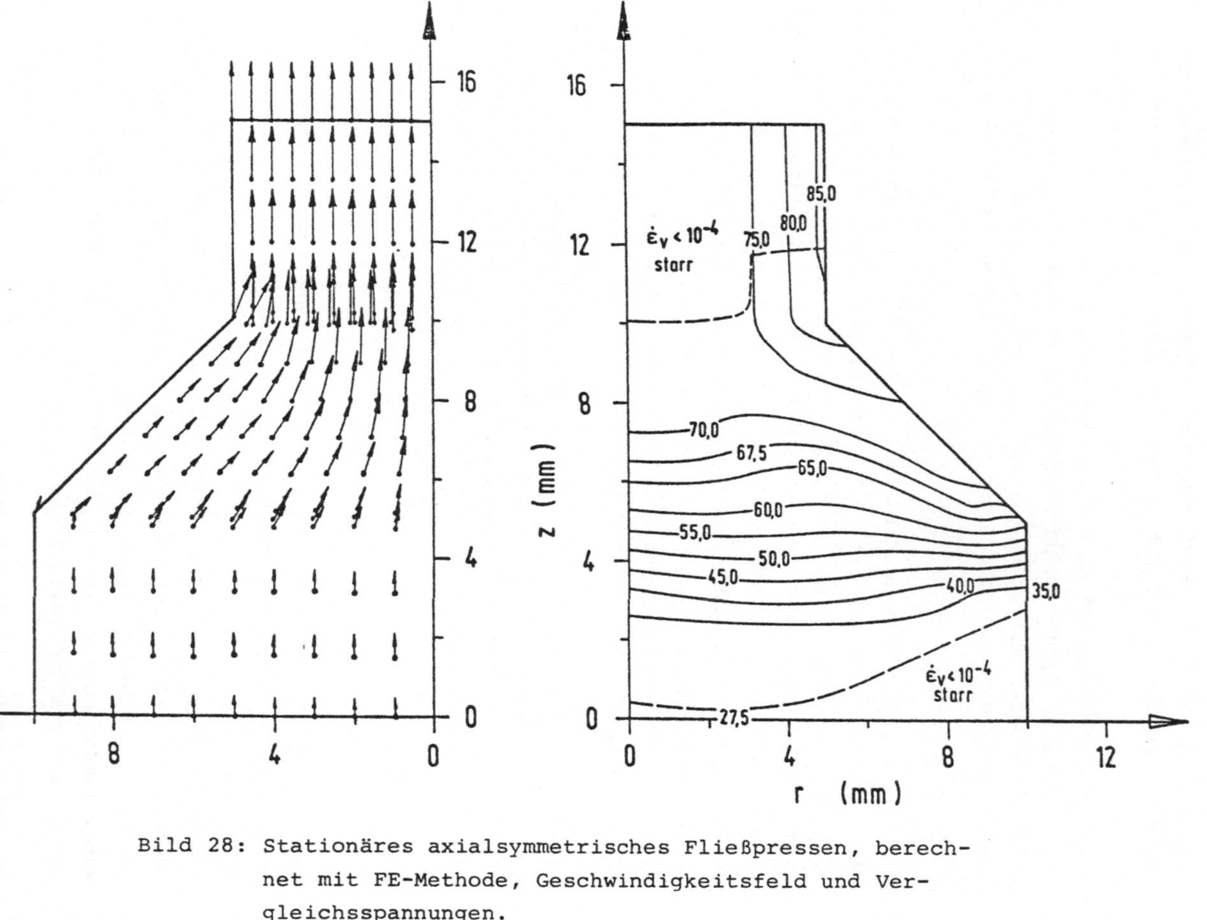

Bild 28: Stationäres axialsymmetrisches Fließpressen, berechnet mit FE-Methode, Geschwindigkeitsfeld und Vergleichsspannungen.

formkraft von 403 kN. Nach Erreichen des Wertes von 350 kN schwankt die Umformkraft um diesen Wert, dies ist bedingt durch das diskontinuierliche Ein- bzw. Austreten des Werkstoffes aus dem Werkzeug. Wie in Bild 26 zu erkennen, läßt sich der kontinuierliche Vorgang des Ein- bzw. Austretens des Werkstoffes in bzw. aus dem Werkzeug auch hier nur diskontinuierlich darstellen. Diese Diskontinuität führt zu den Schwankungen in der Umformkraft.

6.2 Stationäre Vorgänge

6.2.1 Axialsymmetrisches stationäres Fließpressen

Wenn man auf die Berechnung des instationären Anlaufvorganges verzichten kann, empfiehlt es sich, das Fließpressen als stationären Vorgang zu berechnen. Wie bereits erwähnt, ist bei der Berechnung eines stationären Vorganges die Vorgehensweise etwas geändert. Im Gegensatz zum instationären Umformvorgang, bei dem das FE-Modell mit dem Werkstoff gekoppelt und verformt wird, wird bei der Berechnung von stationären Vorgängen ein Modell gewählt, bei dem das FE-Netz raumfest ist und der Werkstoff durch das Netz hindurch fließt. Die prinzipielle Vorgehensweise ist in Bild 7 dargestellt. Bei der Idealisierung des Problems stellt der Bereich des Ein- und Auslaufes aus dem Werkstück eine kritische Zone dar. In diesem Bereich treten sehr große Gradienten der Formänderungsgeschwindigkeiten auf. Es ist deshalb sinnvoll, diese Übergänge fein zu idealisieren, um den Gradienten möglichst wirklichkeitsgetreu erfassen zu können. Eine zu grobe Idealisierung führt in diesen Bereichen zu unsinnigen Werten für die Formänderungsgeschwindigkeiten, die die Berechnung der Spannungen in diesem Gebiet sehr verfälschen können. Zur Vermeidung dieser Schwierigkeiten beim Ein-bzw.Auslauf aus der Schulter wird, wie schon erwähnt, zum einen dieser Bereich sehr fein idealisiert, zum anderen wird bei größeren Schulteröffnungswinkeln durch stufenweises Beschreiben dieses Winkels ein sanfter Übergang erreicht. Der Schulteröffnungswinkel von 120 ° wird z. B. in drei Stufen erreicht, für den ersten Knotenpunkt wird die Randbedingung $2\,\alpha = 40$ °,

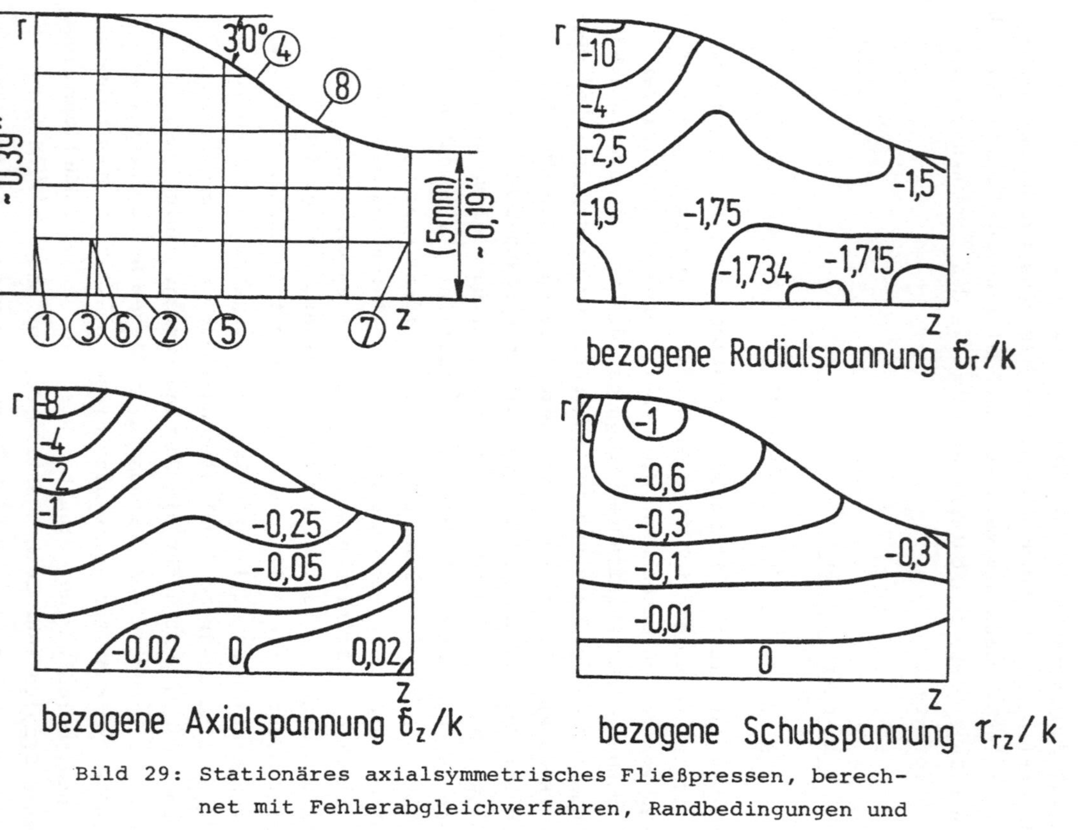

Bild 29: Stationäres axialsymmetrisches Fließpressen, berechnet mit Fehlerabgleichverfahren, Randbedingungen und Spannungen [7].

für den zweiten $2\alpha = 80°$ und für den dritten der Endwert $2\alpha = 120°$ angenommen. Durch diese auch eher der Wirklichkeit entsprechende Annahme, der Übergang vom zylindrischen in den kegeligen Teil des Werkzeuges wird immer durch einen, wenn auch sehr kleinen, Radius erfolgen, vermeidet man unsinnige Formänderungsgeschwindigkeiten in diesem Bereich.

Das folgende Bild 28 zeigt den Verlauf der Geschwindigkeitsverteilung und der Vergleichsspannungen bei einer Probe mit einem Schulteröffnungswinkel von $2\alpha = 90°$ und einem Umformgrad von $\varphi = 1,39$. Der Verlauf der Vergleichsspannungen stimmt qualitativ gut mit Meßergebnissen überein [52].

Bei der Begrenzung der starren Zone ergeben sich Abweichungen von denen in der Literatur in Verbindung mit der Anwendung von "Oberen-Schranken-Methoden" bekannten Begrenzungen [53]. Bei diesen Lösungen wird, ausgehend vom Ein- bzw. Austritt des Werkzeuges ein Kegel-bzw. Kugelabschnitt als plastischer Bereich festgelegt. Die mit der FE-Methode bestimmte plastische Zone scheint eher der Wirklichkeit zu entsprechen, da die Umlenkung des Werkstoffes beim Ein- bzw. Austritt aus dem Werkzeug nur durch plastisches Fließen erfolgen kann. Dieser Bereich wird bei den theoretischen Ansätzen vernachlässigt.

Die Spannungsverteilung beim stationären Fliesspressen, berechnet mit dem Fehlerabgleichverfahren, ist im folgenden Bild 29 dargestellt. Ein Schulteröffnungswinkel von $2\alpha = 60°$ und ein Umformgrad von $\varphi = 1,39$ wird angenommen. Bedingt durch die Verwendung von zusätzlichen Fehlergleichungen ist auch hier die Spannungsrandbedingung $\tau_{RZ} = 0$ längs der Symmetrieachse sehr gut eingehalten. Dasselbe gilt für die Axialspannung am Auslauf aus der Düse, die längs einer geraden Linie zu Null angenommen wurde. Wie aus der Geometrie des Werkstückes ersichtlich, resultiert aus der Forderung, daß die Werkzeugbegrenzung eine Stromlinie darstellen muß, ein relativ sanfter Ein- bzw. Auslauf aus dem Werkzeug.

7 Vergleich der numerischen Näherungsverfahren

Die meisten der mit den hier diskutierten Verfahren berechneten Größen entziehen sich bis auf die Umformkraft und die Formänderungsgeschwindigkeiten einer direkten meßtechnischen Überprüfung. In diesem Kapitel sollen deshalb die Ergebnisse, die mit den einzelnen Verfahren erzielt wurden, miteinander verglichen werden und auf diesem Wege Aussagen über die Genauigkeit der Verfahren abgeleitet werden.

7.1 Einfluß der Idealisierung bei Berechnung mit den FE-Verfahren

Das ebene Stauchen wurde mit beiden FE-Programmen berechnet. Als Werkstoff wurde QSt 32-3, also ein Werkstoff mit Verfestigung angenommen. Es wurde mit der Coulombschen Reibung gerechnet. Dabei wurden beim elastisch-plastischen Werkstoffmodell Reibkräfte, die das μfache der Normalkräfte betragen, angenommen. Beim starr-plastischen Modell wurde die Reibung über das Reib-Leistungs-Integral iterativ berücksichtigt. Als Ausgangspunkt der Iteration diente der reibungsfreie Fall. Für die Berechnung wurden einfache Dreieck- und Viereckelemente verwendet.

Es wurden quadratischen Proben berechnet. Die Abmessungen betrugen 50 mm x 50 mm. Durch Variation der Elementanzahl wurde untersucht, inwieweit sich verschiedene Idealisierungen auf die Ergebnisse auswirken. Im folgenden Bild 30 ist der Verlauf der Spannungen an ausgewählten Punkten der Probe in Abhängigkeit der Elementanzahl, bei Verwendung des elastisch-plastischen Werkstoffmodells, dargestellt. Es zeigt sich, daß ab einer Elementanzahl von > 250 keine nennenswerten Änderungen in den Spannungen mehr auftreten. Bei der Variation der Elementanzahl wurde in jeder Richtung gleichmäßig idealisiert, d. h. es wurde immer ein quadratisches Gitter angenommen. Der Verlauf bei den Viereckelementen und Verwendung des starrplastischen Werkstoffmodells ist analog dem Verlauf in Bild 30. Auch hier zeigt sich, daß bei einer Elementzahl > 100 keine nennenswerten Änderungen mehr im Spannungsverlauf zu erwarten

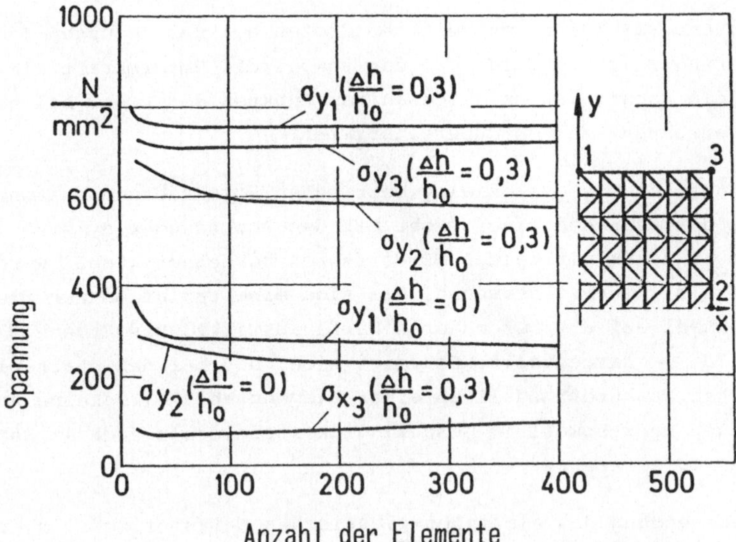

Bild 30: Einfluß der Idealisierung, ebener Verzerrungszustand.

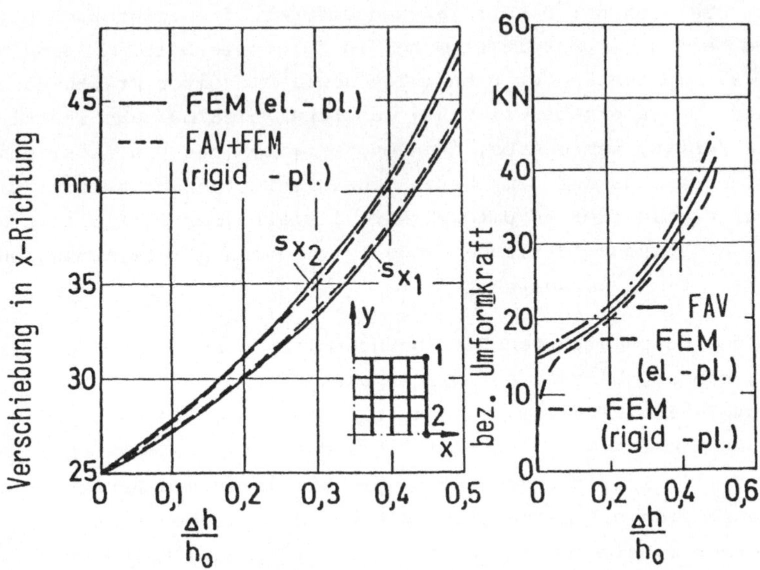

Bild 31: Vergleich von Umformkraft und x-Komponenten der Bahnlinien an ausgewählten Punkten der Probe, ebener Formänderungszustand.

sind. Der Vergleich von weiteren Größen bei der feinsten Idealisierung zeigt in Bild 31 , daß sowohl die Umformkraft als auch die Bahnlinien an ausgewählten Punkten der Probe bei beiden Verfahren sehr gut übereinstimmen.

Als Beispiel für den axialsymmetrischen Formänderungszustand wurde das Stauchen einer Probe mit den Abmessungen d_o = 20 mm und h_o = 30 mm mit beiden FE-Verfahren berechnet. Dabei wurde ebenfalls wieder untersucht, wie sich eine Variation der Elementanzahl auf die berechneten Werte auswirkt. Das Ergebnis ist in Bild 32 dargestellt. Es zeigt sich, daß bei dem starr-plastischen Werkstoffmodell ab einer Elementzahl > 100 keine Änderungen mehr sowohl im Geschwindigkeitsfeld als auch im Spannungsfeld eintreten.

Bei Verwendung des elastisch-plastischen Werkstoffmodells ergibt sich dieselbe Tendenz bei einer Elementanzahl > 200. In beiden Verfahren wurde wieder mit quadratischen Netzen gerechnet.

Der Vergleich der Bahnlinien und Umformkräfte zeigt auch hier eine sehr gute Übereinstimmung. Im folgenden Bild 33 sind die Radialkomponenten der Bahnlinien sowie die Umformkräfte dargestellt. Es ergeben sich bei den Bahnlinien beinahe identische Kurven, während bei den Umformkräften das Finite-Element-Verfahren, das auf dem oberen Schrankenverfahren basiert, wie erwartet die größten Umformkräfte liefert. Der steile Anstieg beim elastisch-plastischen Modell zu Beginn der Umformung wurde hier nicht dargestellt.

Aus den durchgeführten Berechnungen läßt sich der Schluß ziehen, daß es, bezogen auf die Abmessungen der Probe nicht sinnvoll ist, Idealisierungen, bei denen die Fläche des einzelnen Elementes < 1 mm² (bzw. bei den Dreieckelementen < 0,5 mm²) ist, zu rechnen. Wie bei elastischen Berechnungen ergeben sich offensichtlich auch bei plastischen Problemen ab einer bestimmten Feinheit der Idealisierung keine Genauigkeitssteigerungen mehr. Es ist deshalb sinnvoll, das Problem ausgehend von einer groben Idealisierung mit mehreren Idealisierungen zu berechnen, um so den Einfluß der Idealisierung

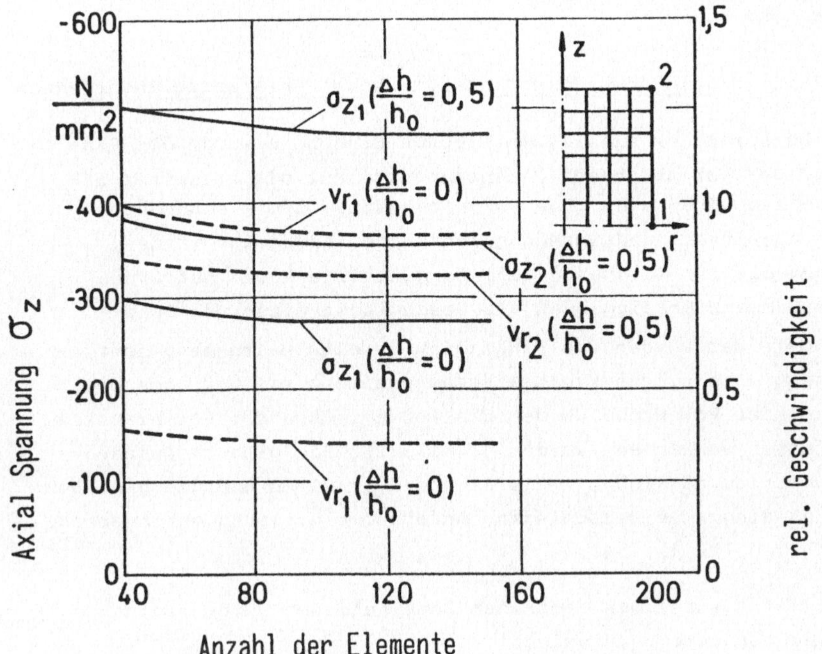

Bild 32: Einfluß der Idealisierung, axialsymmetrisches Stauchen, Reibzahl μ = 0,15.

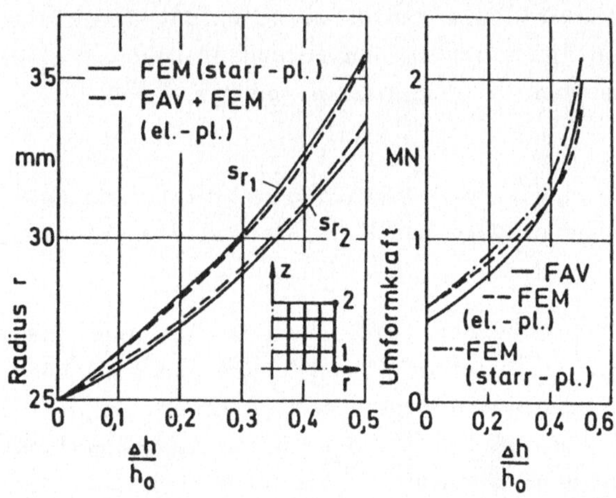

Bild 33: Vergleich von Umformkraft und Radialkomponenten der Bahnlinien an ausgewählten Punkten der Probe.

auf die einzelnen Werte bestimmen zu können.

7.2 Einfluß der Polynomansätze beim Fehlerabgleichverfahren

Am Beispiel des axialsymmetrischen Stauchens wurde der Einfluß der Variation der Polynomansätze auf die erzielten Ergebnisse untersucht. Die Polynomansätze, die als Annäherung für die Strom- und Spannungsfunktionen angesetzt werden, haben die in Gleichung (105) dargestellte Form. Auf Grund der Symmetriebedingungen des Geschwindigkeits- und Spannungsfeldes werden die Funktionen bereits weitgehend festgelegt. Als einzigen Freiheitsgrad besitzen sie nur noch die Höhen der Potenzen. Um den Einfluß der Höhe der Potenzansätze erfassen zu können, wurden jeweils für die gleiche Ausgangsgeometrie, nämlich h_o = 10 mm und d_o = 20 mm und die gleichen Randbedingungen verschiedene Ansatzkombinationen durchgerechnet (Tabelle 1) [54].

Bei der Auswahl der einzelnen Kombinationen wurden folgende Gesichtspunkte berücksichtigt:

In der ersten Gruppe wurden, ausgehend von den jeweiligen Mindestwerten, die Werte I bis Q schrittweise um jeweils 1 erhöht, bis die Gesamtzahl der Unbekannten einen zuvor festgelegten Grenzwert erreicht. Als Mindestwerte wurden dabei die Werte angesehen, für die sich bei den Formänderungsgeschwindigkeiten und Spannungen lineare Beziehungen in r und z ergaben.

In der zweiten Gruppe wurden jeweils einer mittleren und einer hohen Stromfunktion niedere und hohe Spannungsfunktionen zugeordnet.

In der dritten Gruppe wurden jeweils einer mittleren und einer hohen ersten Spannungsfunktion eine niedere und eine hohe Strom- bzw. zweite Spannungsfunktion zugeordnet. In der vierten Gruppe wurde dies analog für die zweite Spannungsfunktion durchgeführt. Zum Schluß wurden schließlich noch zwei Kombinationen berechnet, in denen die Höhe der Potenzen in r und z

Nummer der Kombination	I r^{2i} (Stromfunktion)	J z^{2j-1} (Stromfunktion)	M r^{2m-1} (Spannungsfunktionen)	N z^{2n} (Spannungsfunktionen)	P r^{2p-1} (Spannungsfunktionen)	Q z^{2q} (Spannungsfunktionen)
1)	2	1	2	2	1	1
2)	3	2	3	3	2	2
3)	4	3	4	4	4	4
4)	5	4	5	5	5	5
5)	4	3	2	2	1	1
6)	4	3	6	6	5	5
7)	6	5	2	2	1	1
8)	6	5	4	4	4	4
9)	2	1	4	4	1	1
10)	6	5	4	4	5	5
11)	2	1	6	6	1	1
12)	4	3	6	6	4	4
13)	2	1	2	2	4	4
14)	2	1	2	2	6	6
15)	4	3	4	4	6	6
16)	6	1	6	2	6	2
17)	2	6	2	6	2	6

Tabelle 1: Kombination der Potenzansätze beim axialsymmetrischen Stauchen.

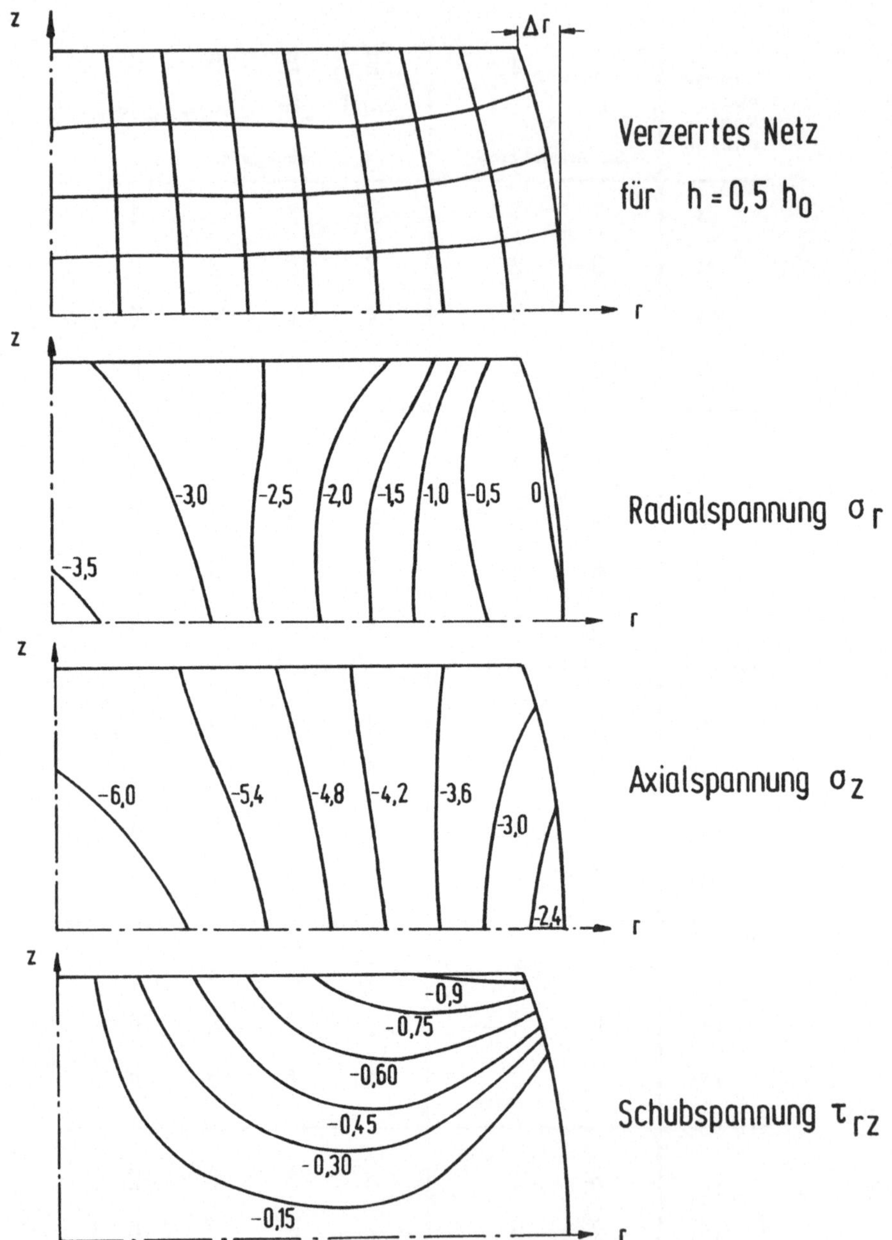

Bild 34: Axialsymmetrisches Stauchen, verzerrtes Netz, Radial-, Axial- und Schubspannungen, berechnet mit Ansatzkombination Nr. 3 (Fehlerabgleichverfahren).

in den einzelnen Funktionen stark unterschiedlich sind.

Bei den Ergebnissen interessierten vor allem die Verformung der Probe sowie die Spannungen σ_r, σ_z und τ_{rz}. Außerdem wurde der Grad der Erfüllung der Fließbedingung als Beurteilungskriterium für die Güte der Lösung herangezogen. Die Stauchproben wurden jeweils bis auf 50 % der Ausgangsgeometrie gestaucht.

Folgende Kombinationen lieferten gute Ergebnisse:

Kombination Nr. 3, 4, 6, 8 und 10 (Zuordnung siehe Tabelle 1).). Noch zufriedenstellende Ergebnisse lieferten die Kombinationen Nr. 2, 12 und 15. Als Beispiel sind das verzerrte Gitternetz und die Spannungen σ_r, σ_z und τ_{rz}, berechnet mit Kombination Nr. 3, in Bild 34 dargestellt. Die erzielten Ergebnisse stimmen gut mit den entsprechenden FE-Berechnungen überein. Die Umformkraft stimmt mit Ergebnissen der elementaren Theorie überein.

Eine Interpretation dieser Ergebnisse führt zu folgenden Aussagen:

Die Ansatzfunktionen müssen offensichtlich eine gewisse Mindesthöhe haben. Als Beweis dafür sind in Bild 35 das verzerrte Netz und die Spannungen für die gleiche Probe mit den gleichen Randbedingungen berechnet mit Ansatzkombination Nr. 7 dargestellt. Die Ergebnisse sind ganz offensichtlich falsch, da die Form einer gestauchten Probe in Wirklichkeit der Form in Bild 34 entspricht. Der Grund für diese Abweichung liegt in der Tatsache begründet, daß bei diesem Ansatz die zweite Spannungsfunktion eine lineare Abhängigkeit von r besitzt. Eine in r lineare Funktion kann aber den tatsächlichen Spannungszustand nicht genau beschreiben, wie die Ergebnisse in Bild 35 zeigen
Für eine exakte Berechnung sind deshalb Funktionen höherer Ordnung notwendig.

Die maximale Ansatzhöhe der drei Funktionen muß ungefähr gleich groß sein, weil sonst die eine oder andere Funktion

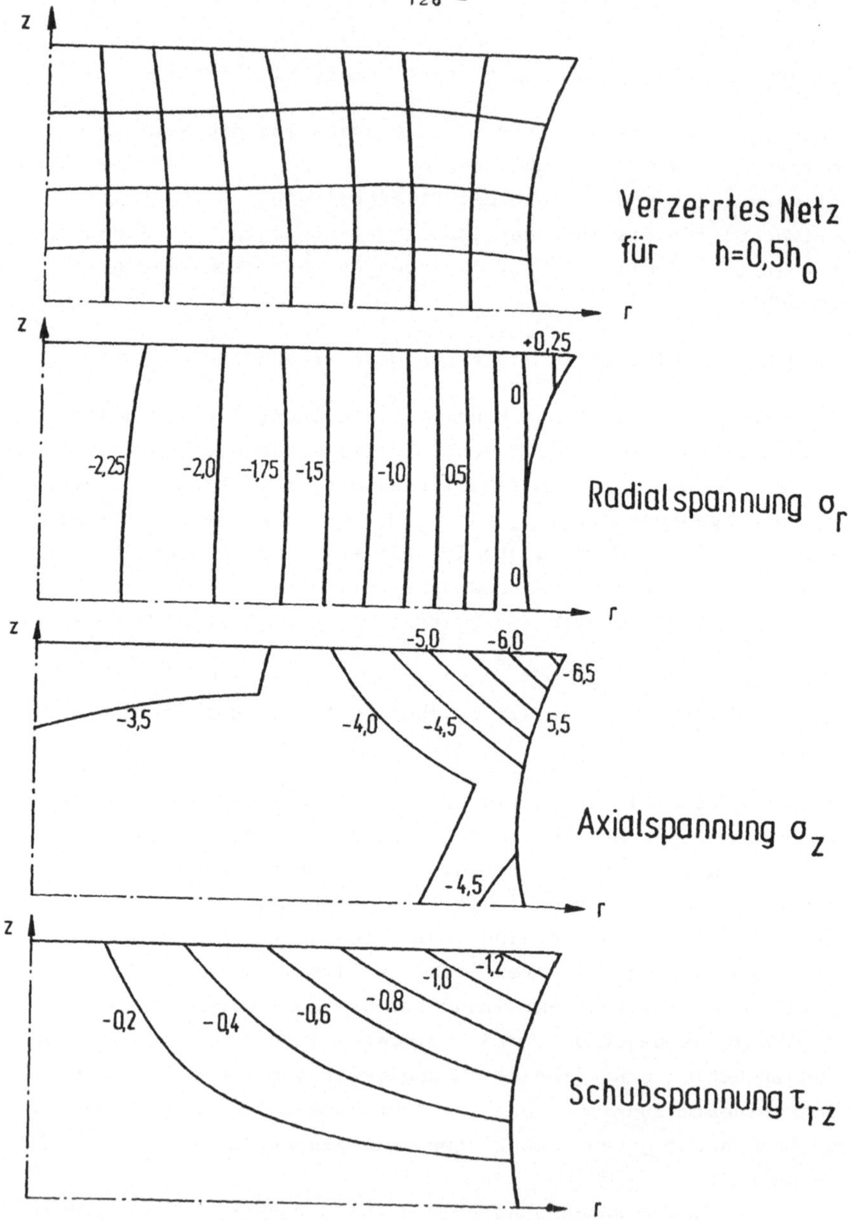

Bild 35: Verzerrtes Netz, Radial- , Axial- und Schubspannungen, gerechnet mit Ansatzkombination Nr. 7 (Fehlerabgleichverfahren).

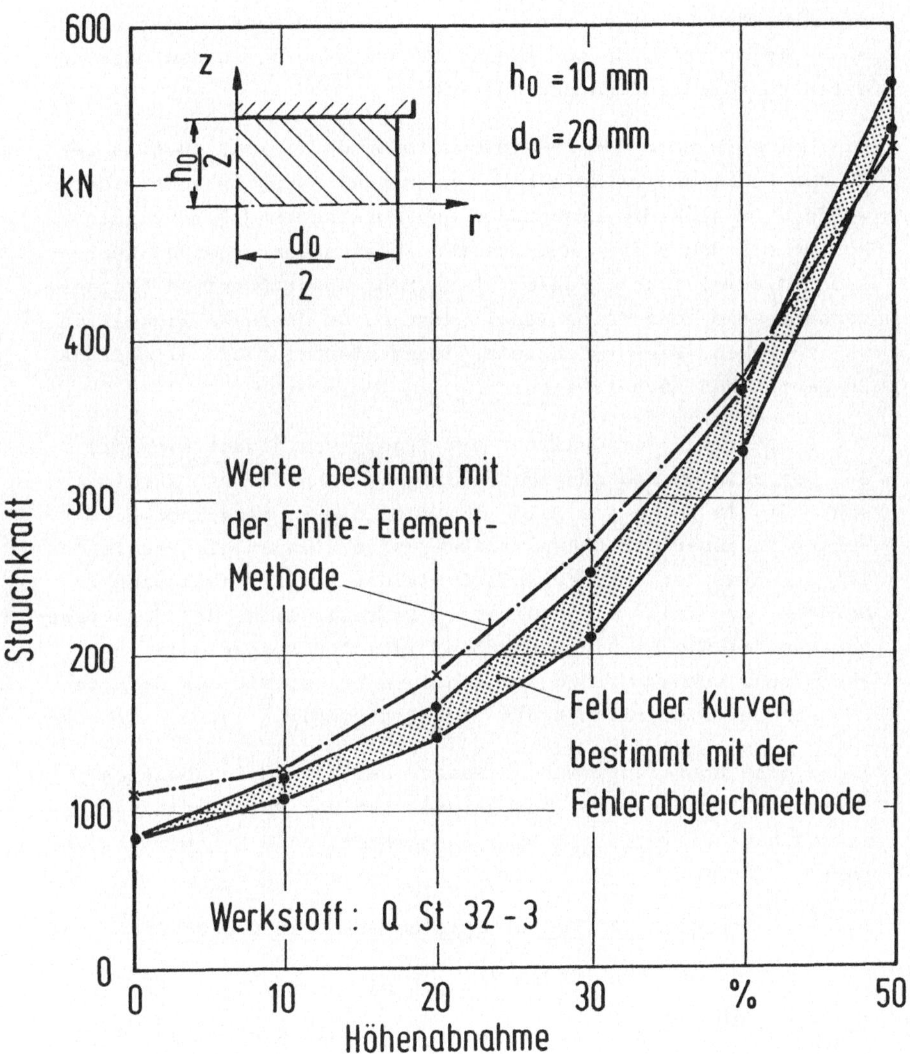

Bild 36: Verlauf der Umformkraft, gerechnet mit Fehlerabgleichverfahren und FE-Methode.

beim Fehlerabgleich zu stark gewichtet wird.

Die Höhe der Potenzen von r und z innerhalb einer Funktion muß etwa gleich sein, da sonst eine Bevorzugung der einen oder anderen Koordinatenrichtung auftritt.

Die maximale Höhe der Ansatzfunktionen darf nicht zu groß sein, da die Funktionsverläufe mit zunehmender Potenzhöhe welliger werden. Da sich die Spannungen und Formänderungsgeschwindigkeiten aus den ersten und zweiten Ableitungen ergeben, verursacht die Welligkeit Fehler. Eine hohe Ansatzfunktion bedingt deshalb eine sehr feine Idealisierung, um diese Welligkeit zu unterdrücken. Eine solch feine Idealisierung führt allerdings zu sehr hohen Rechenzeiten.

Zur Beurteilung der Qualität der Ergebnisse eignet sich die aus der axialen Spannungsverteilung berechnete Umformkraft sehr gut. Im folgenden Bild 36 sind die so berechneten Umformkräfte über der Höhenaufnahme aufgezeichnet. Im Vergleich ist der Kraftverlauf, ermittelt mit der starr-plastischen FE-Methode, ebenfalls eingezeichnet. Es zeigt sich, daß der Kraftverlauf bei den vorhin erwähnten "guten" Kombinationen in einem sehr schmalen Band liegt und recht gut mit der nach der FE-Methode ermittelten Kraft übereinstimmt.

Diese gute Übereinstimmung beweist, daß das Fehlerabgleichverfahren, wenn man bei der Aufstellung der Potenzreihenansätze die hier diskutierten Regeln beachtet, gute Ergebnisse liefert.

7.3 Vergleich von Fehlerabgleichverfahren und FE-Verfahren

7.3.1 Axialsymmetrisches Stauchen

Das axialsymmetrische Stauchen wurde mit allen drei Näherungsverfahren berechnet. Bei dem elastisch-plastischen Werkstoffmodell wurde in der Regel bei einer bezogenen Höhenreduktion von 30 % abgebrochen, da es wenig sinnvoll erschien, die elastischen Anteile bei größeren Umformungen noch mit zu berücksichtigen. Der Schwerpunkt der Vergleiche liegt deshalb bei dem FE-Verfahren mit starr-plastischem Werkstoffmodell und dem

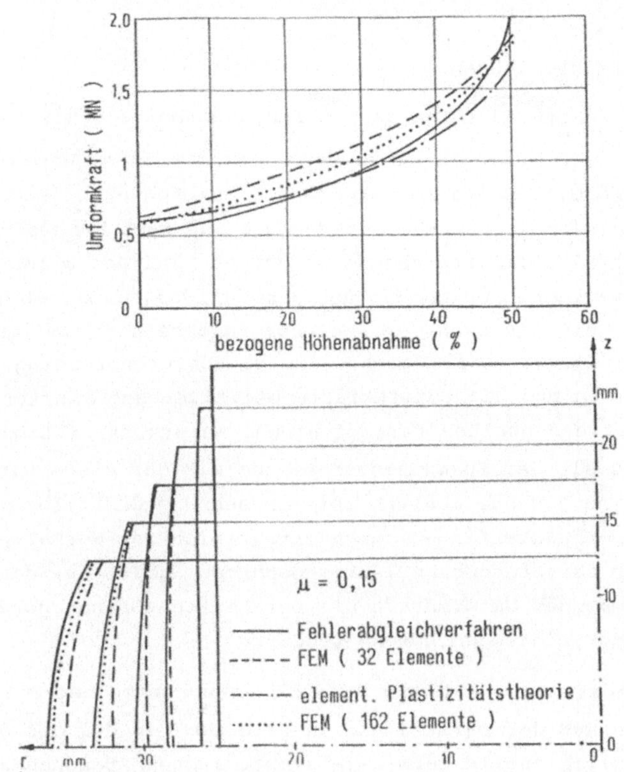

Bild 37: Vergleich von Kontur und Stauchkraft beim axialsymmetrischen Stauchen.

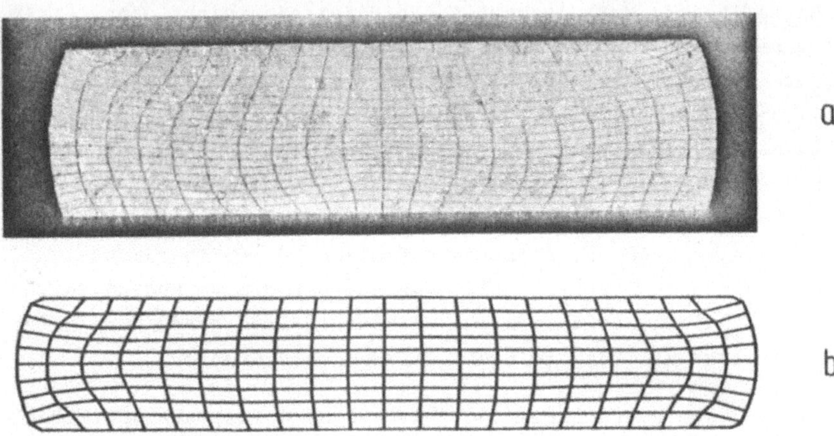

Bild 38: Axialsymmetrisches Stauchen, gemessenes und gerechnetes Netzlinienbild.

Fehlerabgleichverfahren.

Das folgende Bild 37 zeigt den Verlauf der Kontur sowie die Umformkräfte beim Stauchen eines Zylinders mit 50 mm Durchmesser und 50 mm Höhe. Die Kräfte wurden nach dem Fehlerabgleichverfahren, nach der Finite-Element-Methode und nach der sogenannten elementaren Plastizitätstheorie berechnet. Bei der elementaren Plastizitätstheorie wurde das Röhrenmodell zugrunde gelegt. Es zeigt sich, daß die nach der Fehlerabgleichmethode und nach dem Finite-Element-Verfahren bestimmten Konturen recht gut übereinstimmen und die Umformkräfte bei allen angewandten Verfahren in etwa denselben Verlauf haben. Naturgemäß ist über die Genauigkeit der Spannungsverteilung mit der elementaren Theorie keine Aussage möglich. Die Berechnung der Umformkraft bei den Näherungsverfahren durch Integration der Normalspannungen über der Stauchbahn läßt jedoch den Schluß zu, daß bei übereinstimmender Umformkraft die berechneten Spannungsverteilungen zur richtigen Lösung tendieren.

Gute Übereinstimmung zwischen gemessener und gerechneter Form ergibt sich aus der Darstellung in Bild 38 , in dem das gemessene Netzlinienbild beim axialsymmetrischen Stauchen und das berechnete Netzlinienbild, berechnet mit dem starr-plastischen Werkstoffmodell, einander gegenüber gestellt sind.
Es fällt auf, daß die gemessenen Netzlinien nicht ganz symmetrisch sind, während die berechneten Netzlinien sehr gute Symmetrie zeigen. Der Grund hierfür dürften unterschiedliche Reibverhältnisse an den beiden Stauchbahnen gewesen sein. Bei der Berechnung wurde dagegen aus Symmetriegründen nur ein Viertel idealisiert. Es hat sich deshalb bei dem gerechneten Netzlinienbild eine symmetrische Verteilung der Bahnlinien ergeben. Selbstverständlich könnte in dem FE-Programm auch berücksichtigt werden, daß die Reibverhältnisse an den beiden Werkzeugbahnen unterschiedlich sind. Dies setzt allerdings die Idealisierung der ganzen Probe voraus.

Während die Übereinstimmung zwischen den einzelnen Verfahren bei Größen wie Umformkraft und Verlauf der Bahnlinien recht gut ist, wie die bis jetzt behandelten Beispiele zeigen, er-

Fehlerabgleichverfahren FEM

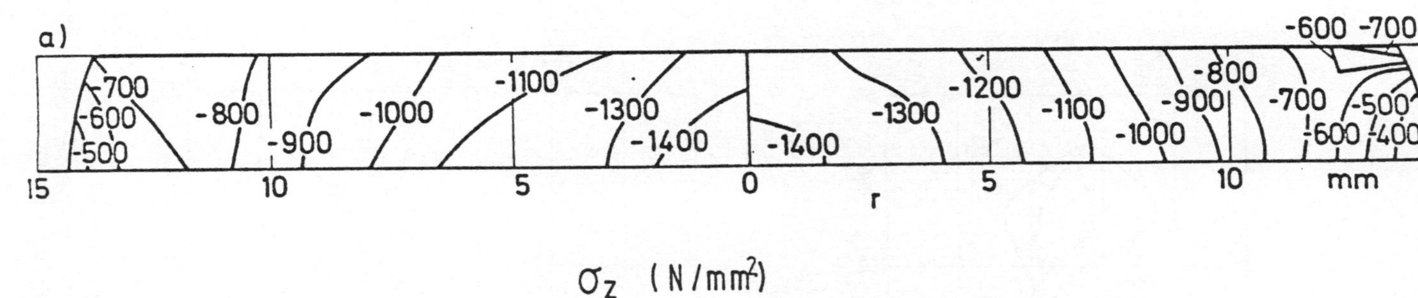

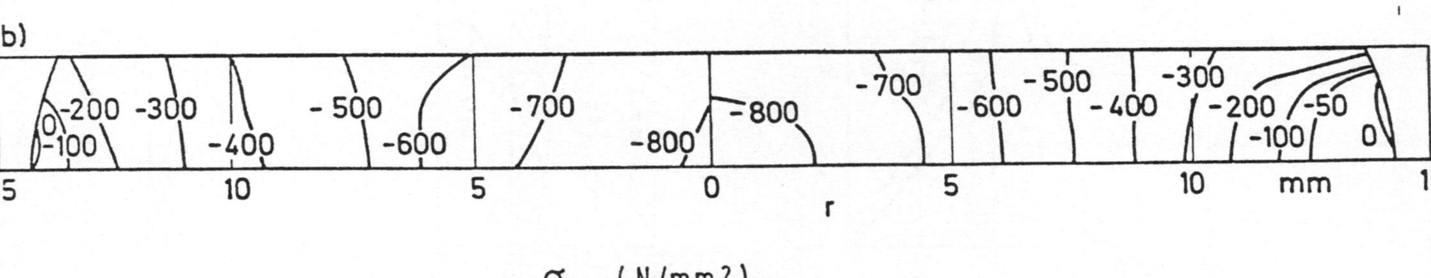

Bild 39: Axialsymmetrisches Stauchen, Vergleich von Axial- und Radialspannungen, berechnet mit Fehlerabgleichverfahren und starrplastischem FE-Modell.

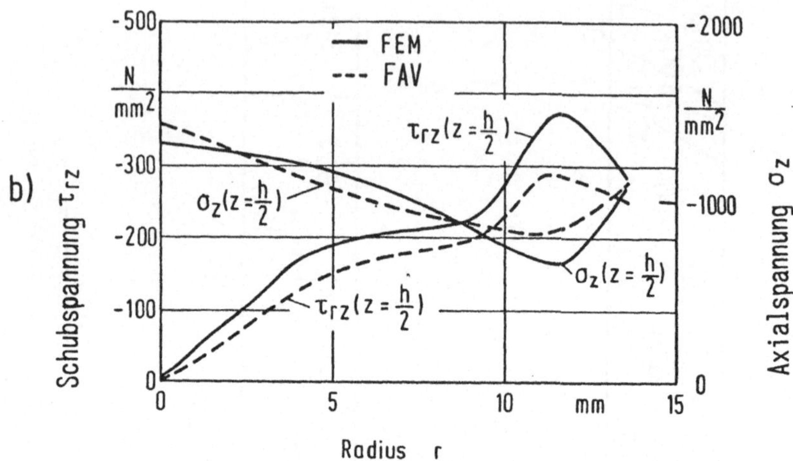

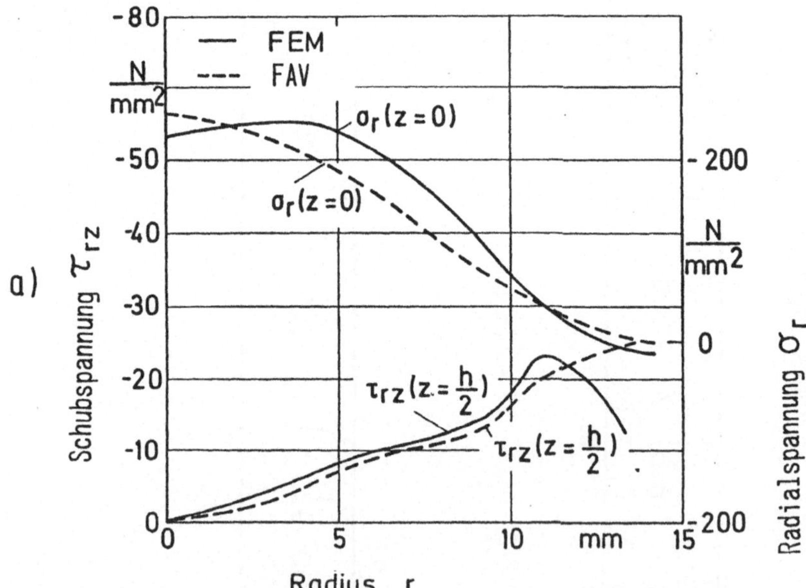

Bild 40: Axialsymmetrisches Stauchen, Spannungsverteilung an der Stauchbahn bei zwei verschiedenen Stauchproben mit a) h_o/d_o = 0,5 und b) h_o/d_o = 1,0.

geben sich größere Unterschiede bei Größen, die durch Differentiation aus dem Geschwindigkeitsfeld hergeleitet werden. Im folgenden Bild 39 ist der Verlauf der Axialspannungen σ_z und der Radialspannungen σ_r in einer Stauchprobe mit einem Stauchverhältnis $h_o/d_o = 0{,}5$ dargestellt. Die bezogene Höhenabnahme beträgt 50 %. Der Verlauf der Spannungen stimmt qualitativ recht gut überein, allerdings ergeben sich am Außenrand größere Abweichungen, die sich einmal durch die unterschiedliche Art der Berücksichtigung des Reibungseinflusses, zum anderen durch die unterschiedliche Behandlung der Spannungsrandbedingungen in den beiden Modellen erklären lassen. Beim Fehlerabgleichverfahren wird die Reibung durch eine angenommene Schubspannung an der Stauchbahn berücksichtigt, wobei die Größe der Schubspannung in der Regel dem Geschwindigkeitsvektor proportional ist. Beim FE-Modell wird die Reibung über das Reib-Leistungs-Integral iterativ berücksichtigt. Als Ausgangspunkt der Iteration dient dabei der reibungsfreie Fall, aus dessen Spannungsverteilung der Verlauf der Reib-Schub-Spannung ermittelt wird.

Im folgenden Bild 40 sind für dieselbe Probe sowie für eine Probe mit $h_o/d_o = 1$ Schubspannung, Axial- und Radialspannung an der Stauchbahn dargestellt. Der Verlauf der Schubspannung stimmt tendenziell mit gemessenen Werten [55] überein. Es fällt allerdings auf, daß die nach dem Fehlerabgleichverfahren berechnete Schubspannung etwa 10 % unter dem nach dem Finite-Element-Verfahren berechneten Verlauf liegt. Der Grund dafür dürfte wieder in der unterschiedlichen Art der Behandlung des Reibungseinflusses sein, durch den es nicht möglich ist, als Belastung identische Schubspannungsverläufe zu erhalten.

Wie schon gezeigt, haben Fehlerabgleichverfahren und Finite-Element-Verfahren viele Gemeinsamkeiten. Während beim Finite-Element-Verfahren die Ansätze bereichsweise über die finiten Elemente vorgenommen werden, gelten die Ansatzfunktionen beim Fehlerablgeichverfahren für die gesamte betrachtete Umformzone. Es liegt deshalb die Vermutung nahe, daß die Geometrie der Umformzone die Ergebnisse des Fehlerabgleichverfahrens entscheidend beeinflussen kann. Aus diesem Grund wurde

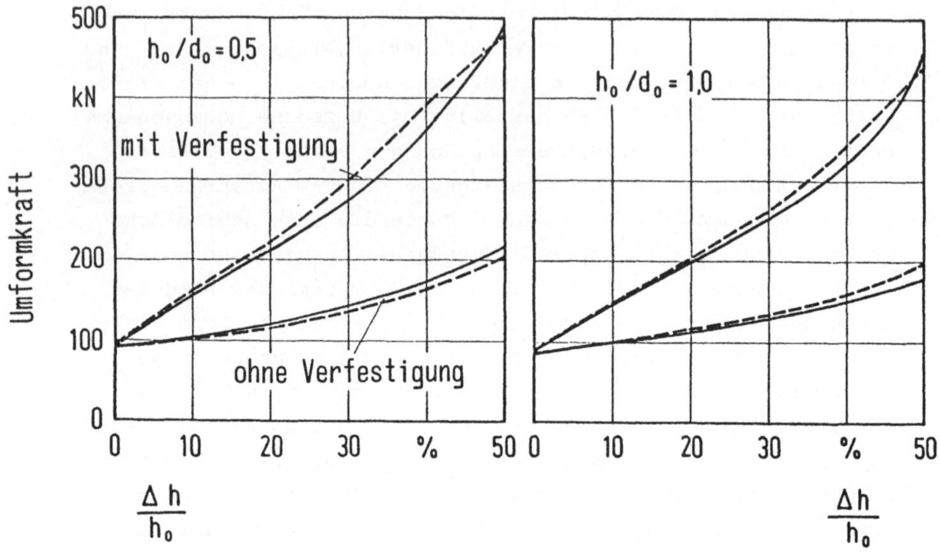

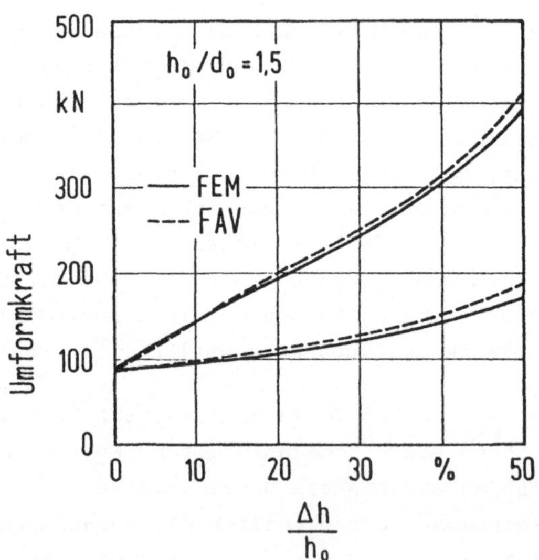

Bild 41: Axialsymmetrisches Stauchen, Vergleich der Umformkräfte bei verschiedenen Geometrien.

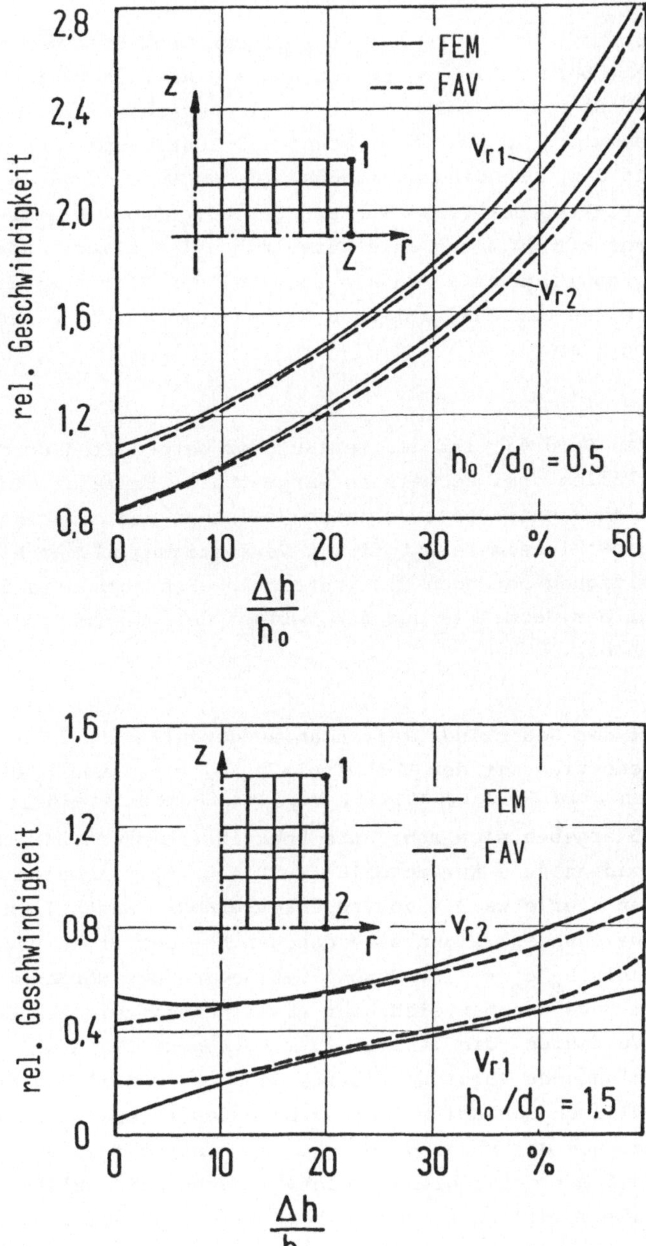

Bild 42: Axialsymmetrisches Stauchen, Vergleich der Geschwindigkeiten bei verschiedenen Geometrien.

untersucht, inwieweit eine Änderung in der Geometrie der Stauchprobe die Übereinstimmung zwischen den einzelnen Verfahren beeinflußt. Es wurden folgende Beispiele berechnet: Zylindrische Proben mit h_o/d_o = 0,5, 1,0 und 1,5. Untersucht wurde der Verlauf der Geschwindigkeiten sowie der Spannungen an ausgewählten Punkten der Probe während der Umformung. Weiter wurde der Werkstoff (mit und ohne Verfestigung) variiert. Sowohl beim Fehlerabgleichverfahren als auch bei den Finite-Element-Verfahren wurde ein quadratisches Gitter gewählt mit einem Abstand von 1 mm.

Im folgenden Bild 41 ist der Verlauf der berechneten Umformkräfte bei allen drei Geometrien dargestellt. Es zeigt sich dabei eine sehr gute Übereinstimmung zwischen den einzelnen Verfahren; sowohl beim Werkstoff mit Verfestigung als auch ohne Verfestigung betragen die größten Abweichungen etwa 5 %. Ein Einfluß der Geometrie auf den Verlauf der Umformkraft ist nicht erkennbar.

Der Verlauf der Geschwindigkeiten an ausgewählten Punkten ist für die Geometrien mit dem Verhältnis h_o/d_o = 0,5 und h_o/d_o = 1,5 im folgenden Bild 42 dargestellt. Bei dem Geometrieverhältnis h_o/d_o = 0,5 ergeben sich sehr gute Übereinstimmungen und zum Teil sogar identische Kurvenverläufe. Die größten Abweichungen betragen hier etwa 3 % am Probenaußenrand. Wesentlich größere Abweichungen zeigen sich dagegen bei der Probe mit dem Verhältnis h_o/d_o = 1,5. Sowohl bei Beginn des Vorgangs als auch am Ende ergeben sich hier Abweichungen zwischen den einzelnen Verfahren, die maximal 10 % betragen. Die Abweichung am Anfang des Vorganges dürfte wieder zum Teil aus der unterschiedlichen Behandlung der Reibung resultieren, die Abweichung am Ende des Vorgangs beruht zum größten Teil auf der Tatsache, daß mit dem Fehlerabgleichverfahren kein Anliegen des Materials an die Werkzeugbahn berücksichtigt werden kann, während dies mit dem Finite-Element-Programm ohne Schwierigkeiten möglich ist, wie in Bild 13 gezeigt wurde.

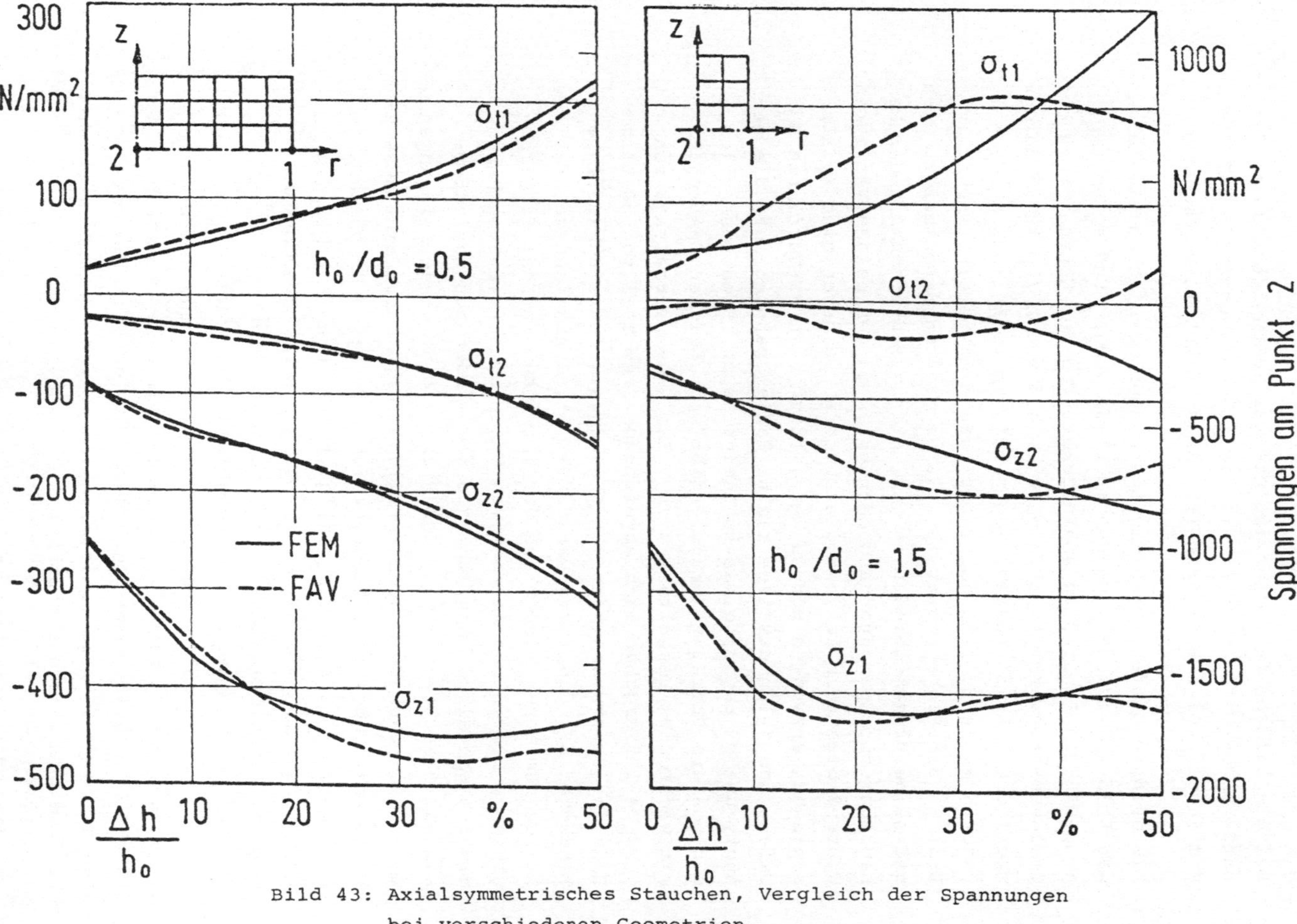

Bild 43: Axialsymmetrisches Stauchen, Vergleich der Spannungen bei verschiedenen Geometrien.

Bei den berechneten Geschwindigkeitsfeldern ist also im Gegensatz zu den Umformkräften ein Einfluß der Geometrie auf die mit dem Fehlerabgleichverfahren erzielten Ergebnisse erkennbar.

Als nächste Größe wurden die Spannungen verglichen. Im folgenden Bild 43 ist der Spannungsverlauf von σ_z und σ_t an zwei ausgewählten Punkten in Abhängigkeit von der Höhenabnahme bei den Geometrieverhältnissen h_o/d_o = 0,5 und h_o/d_o = 1,5 dargestellt. Die Abweichungen liegen bei dem Verhältnis h_o/d_o = 0,5 unter 3 %. Auffallend dabei ist, daß die Übereinstimmung im Zentrum der Probe besser ist als am größten Durchmesser. Dies hat seine Ursache wieder in der unterschiedlichen Art der Behandlung der Spannungsrandbedingungen in den beiden Verfahren. Während dies beim Fehlerabgleichverfahren durch eine Zusatzbedingung erzwungen werden kann, tritt beim FE-Verfahren am Umfang des Zylinders eine kleine Radialspannung auf, die genügt, um σ_z und σ_t etwas zu beeinflussen. Eine wesentlich schlechtere Übereinstimmung ergibt sich bei den Spannungen mit wachsendem Verhältnis h_o/d_o. Bei einem Verhältnis von h_o/d_o = 1,5 ergeben sich Abweichungen zum Teil von 20 % am Ende des Umformvorganges. Es ergeben sich unterschiedliche Tendenzen bei den Kurvenverläufen. Diese Abweichungen resultieren zum einen wieder aus der Tatsache, daß das Fehlerabgleichverfahren das Anlegen von Material an die Stauchbahn nicht beschreiben kann, zum anderen wieder aus der unterschiedlichen Beschreibung des Reibungseinflusses. Die angenommene Reib-Schub-Spannungsverteilung wird durch eine zusätzliche Fehlerabgleichung berücksichtigt. Bei sehr schlanken Proben verliert sich der Einfluß zur Probenmitte hin (in axialer Richtung gesehen). Der Reibungseinfluß kling deshalb beim Fehlerabgleichverfahren offensichtlich schneller ab als bei der Finite-Element-Methode. Es ergeben sich dadurch etwas unterschiedlich verformte Strukturen und damit natürlich auch unterschiedliche Spannungszustände. Gemessen an der Tatsache, daß die Spannungen durch Differentiation aus dem Geschwindigkeitsfeld ermittelt werden, ist die hier beobachtete Abweichung noch akzeptabel.

Daß die Schubspannungen entlang der Stauchbahn bei den einzelnen Verfahren infolge Reibung unterschiedlich sind, zeigt das folgende Bild 44 . Hier ist der Verlauf von Axialspannung und Schubspannung an der Stauchbahn zu Beginn des Umformvorganges bei den Geometrieverhältnissen h_o/d_o = 0,5 und h_o/d_o = 1 und zu Ende des Umformvorganges bei den Geometrieverhältnissen h_o/d_o = 1,5 dargestellt. Während analog zu den Geschwindigkeiten die Spannungen bei dem Verhältnis h_o/d_o = 0,5 sehr gut übereinstimmen und die Abweichungen unter 5 % liegen, zeigen sich bei dem Verhältnis h_o/d_o = 1,0 bereits größere Unterschiede. Allerdings liegen auch hier die Abweichungen noch unter 8 %. Die Tendenz ist bei beiden Spannungsverläufen identisch. Die größten Abweichungen ergeben sich bei der gestauchten Probe mit dem Verhältnis h_o/d_o = 1,5. Hier ergeben sich bei der Axialspannung Abweichungen bis zu 10 %, allerdings haben die Kurvenverläufe noch dieselbe Tendenz. Bei dem Verlauf der Schubspannung ergeben sich dabei am Übergang zwischen Werkstück und Zylinderoberfläche sehr große Abweichungen, die am Außenrand beinahe 100 % erreichen. Diese Abweichung ist nur auf die Randzone beschränkt, im Innern der Probe ergeben sich recht gute Übereinstimmungen. Die große Abweichung am Außenrand rührt zum einen daher, daß das Fehlerabgleichverfahren wie erwähnt das Anlegen von Material an die Stauchbahn nicht berücksichtigen kann, zum anderen sind durch das Anlegen von Elementen an die Stauchbahn die Elemente an dieser Stelle sehr stark verzerrt, so daß die Spannungsberechnung in diesen Elementen mit Fehlern behaftet ist. Die äußere Zone der Stauchbahn ist deshalb für einen Vergleich nicht brauchbar.

Die Ergebnisse haben gezeigt, daß bei der Berechnung von integralen Größen, wie Umformkraft und Geschwindigkeit, die Übereinstimmung zwischen den beiden numerischen Näherungsverfahren gut ist und praktisch nicht von der Geometrie der Probe abhängt. Größere Abweichungen ergeben sich dagegen bei Größen, die sich durch Differentiation aus dem Geschwindigkeitsfeld herleiten lassen, wie z. B. bei den Spannungen. Hier gibt es auch eine Abhängigkeit von den Geometrieverhältnissen. Bei kleinen h_o/d_o-Verhältnissen ist die Übereinstimmung sehr gut, sie nimmt ab bei wachsendem Verhältnis von h_o/d_o. Die Ursache ist darin

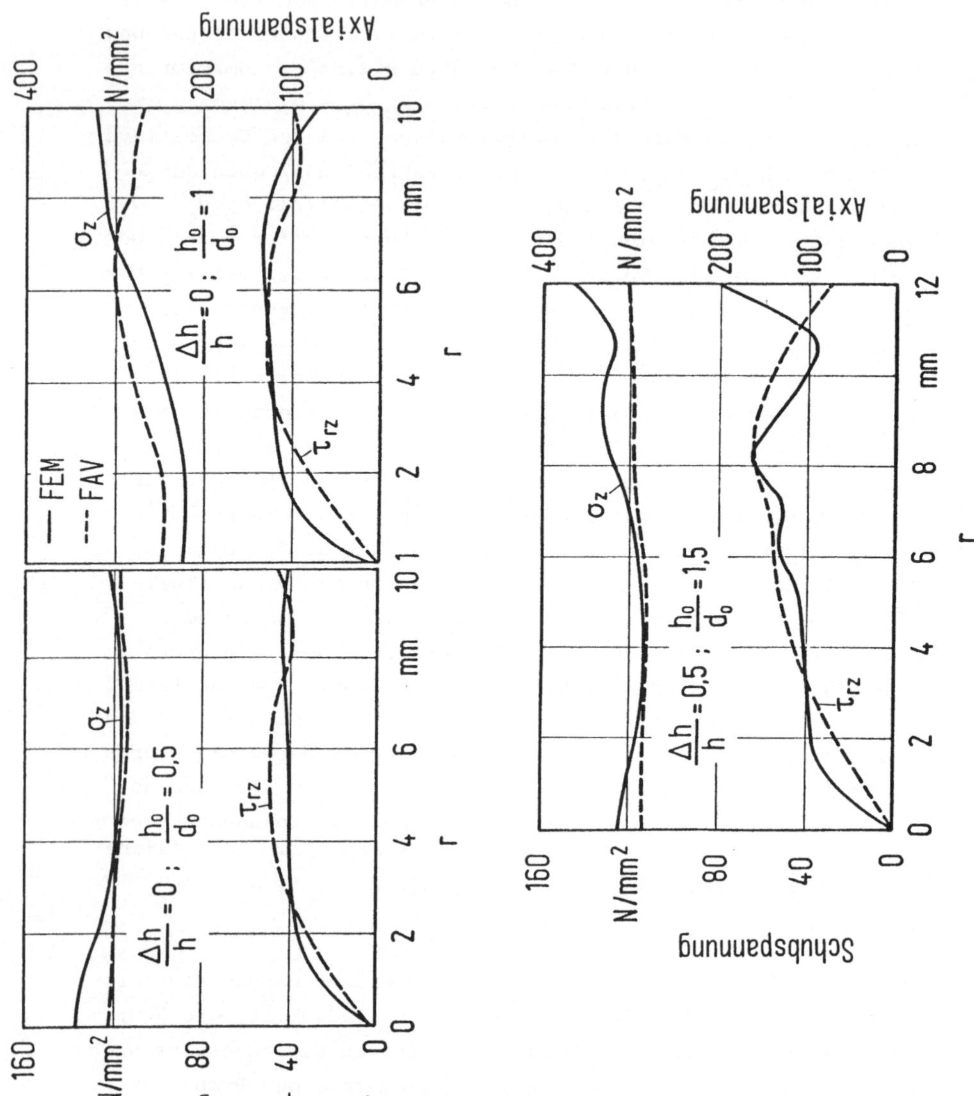

Bild 44: Axialsymmetrisches Stauchen, Vergleich der Spannungsverteilung entlang der Stauchbahn bei verschiedenen Geometrien.

zu suchen, daß die Ansatzfunktionen beim Fehlerabgleichverfahren das ganze Gebiet beschreiben. Dies hat zur Folge, daß die Funktion bei der Berechnung integraler Größen glättend wirkt, während Fehler durch die Differentiation verstärkt werden. Die Erhöhung der Potenzen in den Polynomansätzen brachte keine wesentlich bessereren Ergebnisse. Vielmehr zeigte sich, daß die Ergebnisse bei Polynomfunktionen mit Potenzen > 10 sogar noch stärker differierten. Diese Tatsache bestätigt die Ergebnisse, die in Abschnitt 7.2 vorgestellt wurden, nachdem es sehr entscheidend auf die Wahl der Ansatzfunktion beim Fehlerabgleichverfahren ankommt.

Im Gegensatz zu den Finite-Element-Verfahren ist das Fehlerabgleichverfahren, bedingt durch den Typ und die Definition der Ansatzfunktionen sehr stark geometrieabhängig. Bei der Berechnung von Stauchvorgängen mit dem Verhältnis $h_o/d_o > 1,5$ liefert das Fehlerabgleichverfahren schlechte Ergebnisse. Es ist deshalb notwendig, die Geometrie so aufzuteilen, daß dieses Verhältnis nicht überschritten wird. Eine Möglichkeit, dies zu verwirklichen, stellt die Verwendung sogenannter Makroelemente dar [11]. Bei diesem Verfahren wird die Geometrie in Gebiete aufgeteilt, die so dimensioniert sind, daß das Fehlerabgleichverfahren zufriedenstellende Ergebnisse liefern kann. Für das Problem des axialsymmetrischen Stauchens ist es sinnvoll, die Gebiete so zu legen, daß das Verhältnis $h_o/d_o < 1$ ist. Durch entsprechende Randbedingungen und Stetigkeitsforderungen werden die einzelnen Gebiete miteinander verknüpft. Mit dieser Vorgehensweise, die eine Annäherung an die Finite-Element-Verfahren darstellt, läßt sich der Anwendungsbereich der Fehlerabgleichverfahren erweitern. Im Gegensatz zu der Finite-Element-Methode benötigt man bei dieser Vorgehensweise nur sehr wenige Elemente, so daß das zu lösende Gleichungssystem im Vergleich zu Finite-Element-Verfahren immer noch klein ist.

7.3.2 Axialsymmetrisches Fließpressen

Am Beispiel des axialsymmetrischen Fließpressens wurde eine analoge Untersuchung durchgeführt. Es wurden Beispiele mit

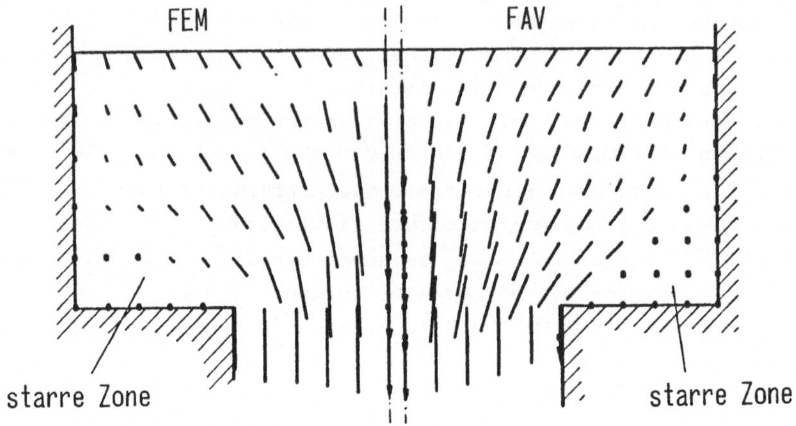

Bild 45: Vergleich der Geschwindigkeitsfelder beim axialsymmetrischen Fließpressen 2 α = 180 °.

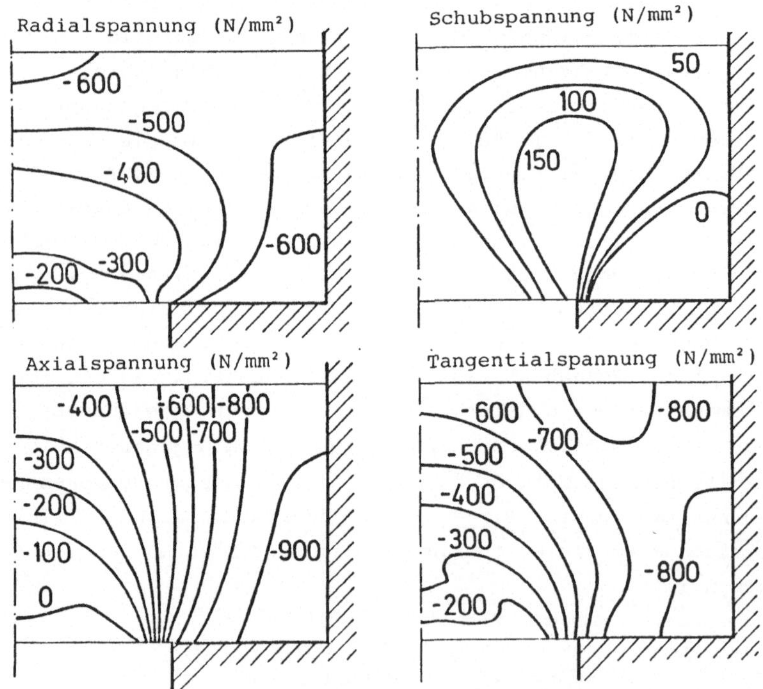

Bild 46: Spannungen beim axialsymmetrischen Fließpressen bei einem Schulteröffnungswinkel von 2 α = 180 °, berechnet mit starr-plastischem FE-Modell.

einem Öffnungswinkel von $2\ \alpha = 60\ °$, $2\ \alpha = 90\ °$ und $2\ \alpha = 180\ °$ berechnet. Da die Untersuchungen beim axialsymmetrischen Stauchen gezeigt haben, daß - bedingt durch die unterschiedliche Art der Berücksichtigung des Reibungseinflusses - Unterschiede bei den beiden Berechnungsverfahren auftreten können, wurde reibungsfrei gerechnet. Variiert wurde wieder der Werkstoff (mit und ohne Verfestigung) sowie die Reibung (mit und ohne Reibung). Es wurde der stationäre Vorgang des Fließpressens betrachtet, d. h. es wurde das Modell gewählt, bei dem der Werkstoff nicht an das Modell gekoppelt ist, sondern durch ein raumfestes Gitter fließt. Aus Gründen der Symmetrie mußte nur die halbe Kontrollfläche idealisiert werden. Beim FE-Verfahren wurden isoparametrische Elemente mit vier Knoten verwendet. Eine Konvergenzuntersuchung, die analog der Vorgehensweise beim axialsymmetrischen Stauchen durchgeführt wurde, ergab, daß auch hier ab einer Elementanzahl > 100 keine wesentlichen Änderungen im Spannungs- und Geschwindigkeitsfeld auftraten. Die Beispiele wurden deshalb mit 150 Elementen berechnet. Im Bereich des Ein- und Auslaufes ist sehr fein idealisiert, um die Randbedingungen möglichst exakt zu erfassen. Verglichen wurden beim Fließpressen die Größen Geschwindigkeit, Kräfte und Spannungen. Das folgende Bild 45 zeigt den Verlauf der Geschwindigkeitsfelder beim axialsymmetrischen Fließpressen mit einem Schulteröffnungswinkel von $2\ \alpha = 180\ °$. Es ergibt sich eine recht gute Übereinstimmung. Die Abweichungen am Austritt resultieren vor allem aus der Tatsache, daß beim Fehlerabgleichverfahren ein starres Gebiet angenommen werden muß, während beim Finite-Element-Verfahren das starre Gebiet durch Abprüfen der Vergleichsformänderungsgeschwindigkeiten ermittelt wurde. Wie aus dem Bild 45 ersichtlich, differieren diese beiden Gebiete etwas.

Im folgenden Bild 46 ist der Verlauf von σ_r, σ_z, σ_ϑ, τ_{rz} berechnet mit FEM dargestellt. Es ist dabei die Einschränkung zu machen, daß der Spannungsverlauf in dem starren Gebiet nur näherungsweise richtig ist. Die Ergebnisse stimmen tendenziell mit in [56] veröffentlichten Ergebnissen überein. Als Beispiel für die berechneten Spannungen zeigt das Bild 47 den Spannungsverlauf beim reibungsfreien axialsymmetrischen Fließpressen

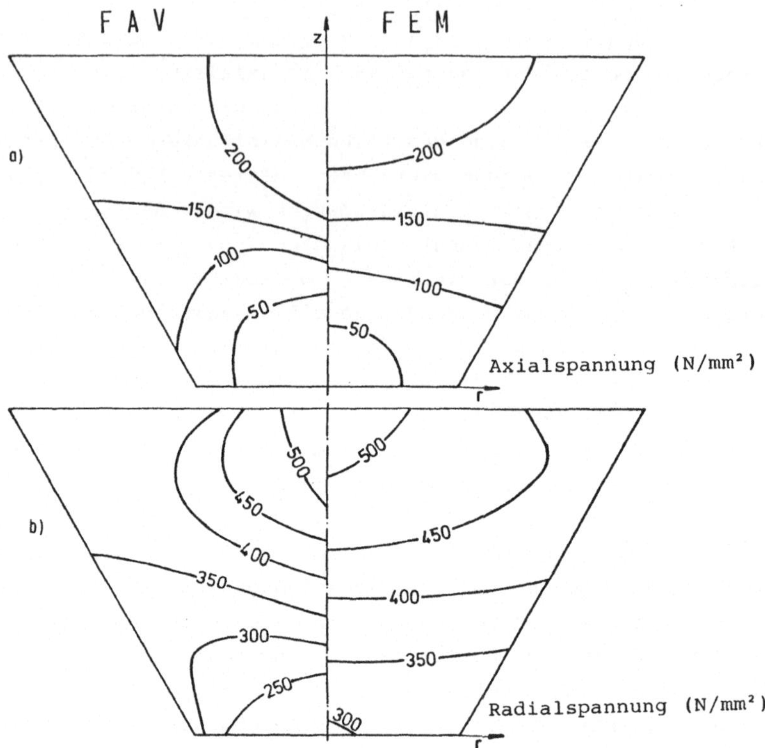

Bild 47: Axialsymmetrisches Fließpressen, Vergleich von Radial- und Axialspannung bei einem Schulteröffnungswinkel von 2 α = 60 °.

Öffnungswinkel 2α	Ver-festigung	Reibung	FEM MN	FAV MN
60°	—	—	132	124
	—	×	137	137
	×	—	350	388
	×	×	390	443
90°	—	—	140	132
	—	×	148	147
	×	—	403	423
	×	×	424	461

Tabelle 2: Axialsymmetrisches Fließpressen, Vergleich der Umformkräfte, berechnet mit Fehlerabgleichverfahren und Finite-Element-Methode.

mit einem Öffnungswinkel von 2 α = 60 °. Während sich beim Geschwindigkeitsfeld eine sehr gute Übereinstimmung ergibt, weichen auch hier die durch Differentiation aus diesem Geschwindigkeitsfeld gewonnenen Formänderungsgeschwindigkeiten und Spannungen etwas voneinander ab. Sie stimmen in der Mitte der Probe gut überein, zeigen am Ein- und Auslauf allerdings größere Abweichungen. Eine Erklärung für diese Abweichung liegt in der etwas unterschiedlichen Art der Berücksichtigung von kinematischen Randbedingungen bei beiden Verfahren. Beim Finite-Element-Verfahren werden kinematische Randbedingungen durch Manipulation in der Steifigkeitsmatrix eingerechnet und exakt eingehalten, beim Fehlerabgleichverfahren dagegen müssen solche Randbedingungen durch zusätzliche Fehlergleichungen berücksichtigt werden, die die Bedingung nicht so streng einhalten können, wie das Finite-Element-Verfahren. Bedingt durch die Tatsache, daß beim Fehlerabgleichverfahren die Werkzeugkontur Stromlinie sein muß und diese Stromlinie durch ein Polynom beschrieben wird, ist weiter der Ein- und Auslauf beim Fehlerabgleichverfahren etwas sanfter als bei der FE-Idealisierung. Ein Vergleich der Umformkräfte bei verschiedenen Öffnungswinkeln, verschiedenen Werkstoffen und Reibverhältnissen zeigt, daß das Fehlerabgleichverfahren und das FE-Verfahren in etwa dieselben Umformkräfte berechnen. In der folgenden Tabelle 2 sind für die Schulteröffnungswinkel 2 α = 60 ° und 2 α = 90 ° die berechneten Umformkräfte zusammengestellt. Es ergeben sich größere Abweichungen als beim axialsymmetrischen Stauchen, allerdings weichen die Umformkräfte auch hier um weniger als 10 % voneinander ab.

Wie beim Stauchen zeigt sich auch beim Fließpressen, wenn auch aus anderen Gründen, eine Geometrieabhängigkeit des Fehlerabgleichverfahrens. Während bis zu einem Schulteröffnungswinkel von 2 α = 90 ° die Ergebnisse zwischen Fehlerabgleichverfahren und Finite-Element-Methoden gut übereinstimmen, zeigen sich Abweichungen bei zunehmendem Schulteröffnungswinkel. Dies resultiert aus der Tatsache, daß sich bei wachsendem Schulteröffnungswinkel im Bereich des Einlaufs in die Düse eine tote Zone ausbildet, in der der Werkstoff starr bleibt. Dieser Bereich kann mit dem Finite-Element-Verfahren problemlos erfaßt werden, mit dem Fehlerabgleichverfahren dagegen nicht. Es entstehen dadurch große Fehler in der Fließbedingung, die sich auch in den plastischen Bereich hinein fortpflanzen. Die Folge davon ist eine ungenaue Spannungsverteilung und daraus resultierend eine ungenaue Berechnung der Umformkraft. Eine Möglichkeit, diesen Fehler zu vermeiden, stellt die schon erwähnte Makro-Elementtechnik dar. Die andere Möglichkeit besteht darin, wie schon erwähnt, auch beim Fehlerabgleichverfahren die starre Zone während der Iteration zu eliminieren.

Eine Erhöhung des Grades der Polynome in den Ansatzfunktionen bringt auch hier keine wesentliche Änderung. Die Ergebnisse werden analog den Verhältnissen beim axialsymmetrischen Stauchen bei zu hohen Ansätzen, bedingt durch die stärkere Welligkeit der Ansatzfunktionen, eher schlechter. Es hat sich gezeigt, daß es nicht sinnvoll ist, bei den Ansatzfunktionen für das Fließpressen über den Grad 6 hinauszugehen.

7.4 Vergleich mit Gleitlinientheorie

Für den Sonderfall des ebenen Formänderungszustandes lassen sich für einige Probleme mit Hilfe der Gleitlinientheorie geschlossene Lösungen angeben. Die entwickelte FE-Methode soll mit Gleitlinienlösungen von zwei Problemen verglichen werden.

7.4.1 Eindringen eines Stempels in eine halbunendliche Platte

Für diesen Fall wurde von Prandtl eine Lösung angegeben [57]. Der Stempel habe die Abmessung 2 a = 10 mm. In [58] ist gezeigt, daß die Bedingungen einer halbunendlichen Platte erreicht werden, wenn die Tiefe der Platte mindestens 8,5a beträgt. Als Tiefe der Platte wurde 50 mm angenommen, als Breite 40 mm. Aus Symmetriegründen wurde nur eine Hälfte idealisiert, zur Beschreibung wurden 144 Elemente und 169 Knoten verwendet. Unter dem Stempel wurde die Struktur sehr fein idealisiert, im weiteren Abstand vom Stempel wurde die Netz-

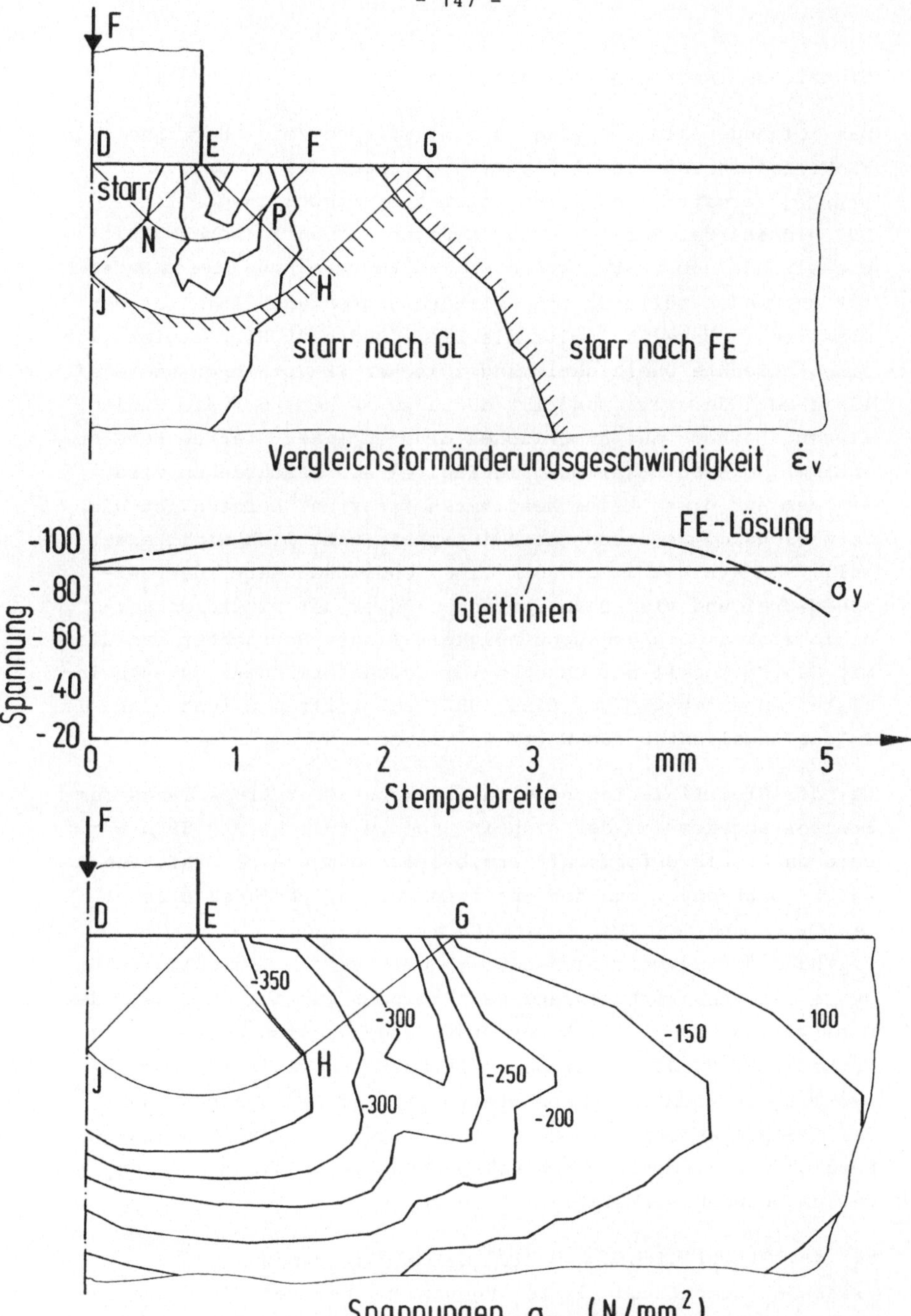

Bild 48: Stauchen einer halbunendlichen Platte, Vergleich zwischen Gleitlinienlösung und FE-Methode.

einteilung immer gröber angenommen.

Das folgende Bild 48 zeigt die plastische Zone, berechnet nach FE-Verfahren und Gleitlinienmethode. Nach der Lösung von Prandtl ergibt sich direkt unter dem Stempel in der Zone DJE ein starrer Bereich. Die Übereinstimmung zwischen Gleitlinienmethode und FE-Verfahren bei der Beschreibung dieses Bereiches ist zufriedenstellend. Eine weitere Begrenzungslinie für den plastischen Bereich stellt die Linie JHG dar. Hier ergibt sich eine schlechte Übereinstimmung zwischen FE-Verfahren und Gleitlinienmethode. Der Grund ist darin zu suchen, daß die Finite-Element-Methode aus numerischen Gründen einen starren Bereich annimmt, dessen Bestimmung in Kapitel 4.5 beschrieben wird. In dem auf diese Weise bestimmten "starren" Bereich ist die Vergleichsformänderungsgeschwindigkeit natürlich nicht exakt Null, sondern hat immer noch einen endlichen Wert, der zwischen drei und vier Zehnerpotenzen unter der mittleren Vergleichsformänderungsgeschwindigkeit liegt. Betrachtet man die mit dem FE-Modell berechneten Vergleichsformänderungsgeschwindigkeiten unterhalb der Linie JHG, so stellt man fest, daß sie in der Regel unter dem Wert 10^{-3} liegen.

Bei der Gleitlinienlösung wird ein konstanter Druck längs dem Stempel angenommen, der sich in unserem Fall zu P = 89,5 N/mm² berechnet. Als Umformkraft ergibt sich damit eine Kraft von 445 N. Betrachtet man den Spannungsverlauf über dem Stempel, berechnet mit der FEM, so stellt man fest, daß die Spannungen in der Nähe der Symmetrieachse über dem Wert der Gleichlinienlösungen liegen, am Außenrand des Stempels dagegen unterhalb der Gleitlinienlösung. Als Umformkraft ergeben sich bei der FE-Methode 455 N, die Abweichung beträgt also weniger als 0,3 %. Der mit der FE-Methode ermittelte Verlauf der Spannung über dem Stempel entspricht eher der Wirklichkeit, da im Außenbereich des Stempels die Druckspannung durch die Abstützung des umgebenden Werkstoffes absinken muß.

Bei der Gleitlinienlösung wird keine Relativbewegung zwischen Stempel und Platte angenommen, bei der FE-Lösung beträgt die Geschwindigkeit in x-Richtung an Punkt E 0,05 mm/s (als

Stempelgeschwindigkeit wurde 1 mm/s angenommen).

Nach der Gleitlinienlösung muß am Punkt G als Spannung in x-Richtung k = 173 N/mm² herrschen. Wie aus dem Verlauf der Spannungen σ_x in Bild 48 zu ersehen, stimmen Gleitlinienlösung und FE-Lösung an diesem Punkt gut überein.

Sowohl bei Umformkräften als auch bei Spannungen und Geschwindigkeiten ergibt sich zwischen den beiden Lösungsverfahren eine brauchbare Übereinstimmung. Eine Übereinstimmung der Ergebnisse bei der Begrenzung des starren Gebietes konnte nicht beobachtet werden. Dies ist jedoch nicht weiter verwunderlich, da beide Verfahren von ganz unterschiedlichen Voraussetzungen bei der Bestimmung eines solchen Gebietes ausgehen und der Zustand $\dot{\varepsilon}_v = 0$, der streng genommen für ein starres Gebiet gilt, mit der FE-Methode nicht beschrieben werden kann.

7.4.2 Fließpressen

Dieses Beispiel wurde [59] entnommen. Das folgende Bild 49 zeigt das ebene Fließpressen durch eine Düse an einem Schulteröffnungswinkel von 2 α = 90 ° mit einer Dickenreduktion von 50 %. Die FE-Lösung wurde mit der in [59] angegebenen Gleitlinienlösung verglichen.

Die Gleitlinienlösung nimmt auch hier einen über die Stempelhöhe konstanten Druck an, der sich in diesem Fall zu p = 150,8 N/mm² berechnet. Bei der FE-Lösung, bei der der Verlauf über der Stempelhöhe nicht konstant ist, ergibt sich als Mittelwert ein Druck von p = 160,5 N/mm², also eine Abweichung von ca. 6 %. Der Vergleich der Geschwindigkeiten zwischen Gleitlinienlösung und FE-Verfahren zeigt eine gute Übereinstimmung. Die größten Abweichungen betragen 10 %. Sie treten vor allem im Bereich des Ein- und Auslaufes des Werkstoffes in bzw. aus dem Werkzeug auf. Diese Abweichungen lassen sich durch die Tatsache erklären, daß im Bereich des Ein- bzw. Auslaufes bei dem FE-Modell durch die Annahme eines sanften Überganges ein kleiner Fehler gemacht wird.

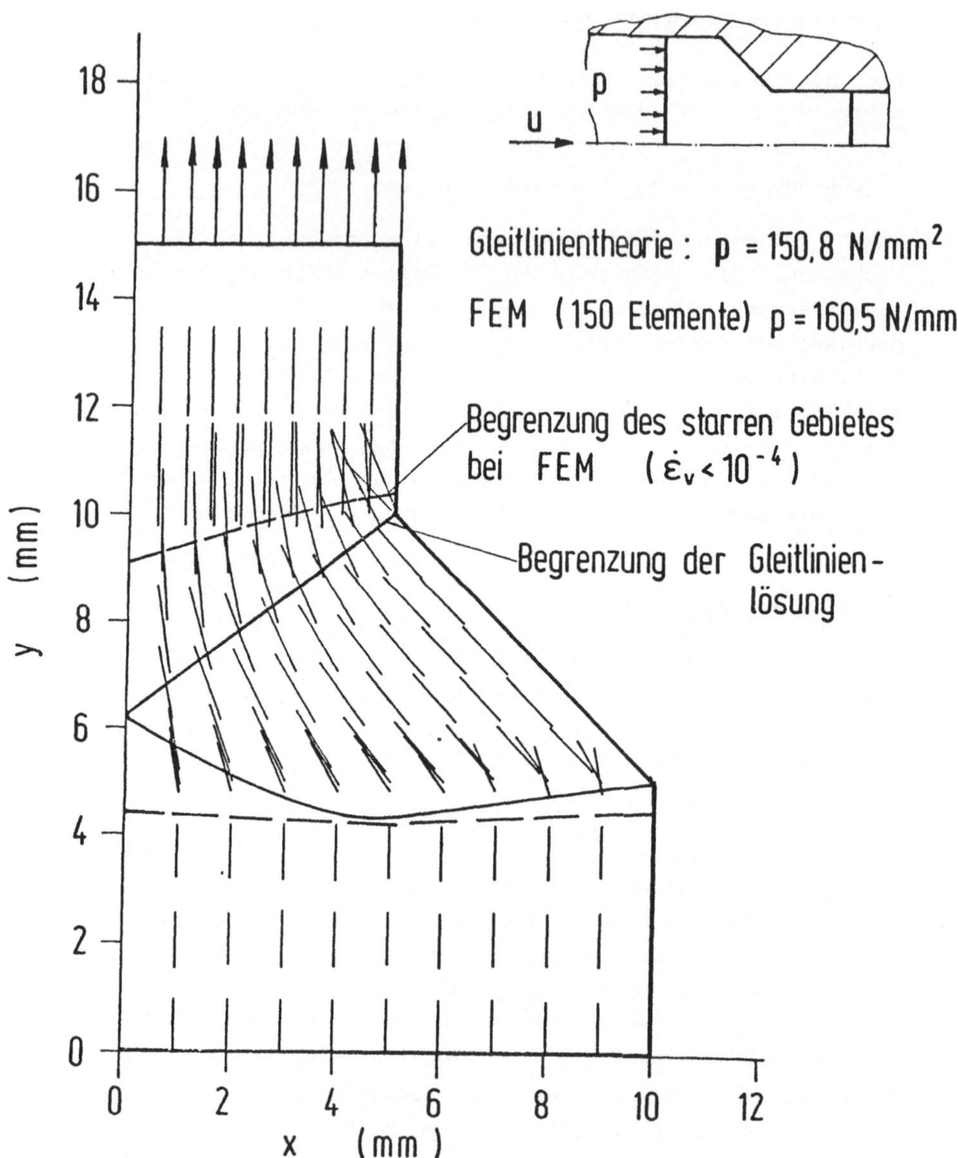

Bild 49: Ebenes Fließpressen. Vergleich von Gleitlinienlösung und FE-Methode.

Bei der Begrenzung der Umformzone zeigt sich eine brauchbare Übereinstimmung, wobei das FE-Verfahren wieder den wirklichkeitsgetreueren Verlauf angibt, da das Umlenken des Werkstoffes beim Ein- bzw. Austritt aus dem Werkzeug nur durch plastisches Fließen erreicht werden kann, so daß die Umformzone einen Teil dieses Bereiches der Struktur umfassen muß.

Zusammenfassend läßt sich auch bei diesem Beispiel feststellen, daß beide Verfahren bei der Bestimmung der Spannungen und der Geschwindigkeiten brauchbar übereinstimmen. Für die Unterschiede in der Bestimmung des plastischen Bereiches gilt auch hier das unter Kapitel 7.6.1 ausgeführte.

8 Zusammenfassung und Ausblick

Ziel dieser Arbeit war ein Vergleich verschiedener numerischer Näherungsverfahren zur Berechnung der Verfahrensgrößen beim Kaltmassivumformen und eine Darstellung ihrer Anwendungsmöglichkeiten. Als Näherungsverfahren wurden ein Fehlerabgleich- sowie zwei Finite-Element Verfahren angewendet, von denen das eine auf der Methode der Anfangsspannungen in Verbindung mit dem elastisch-plastischen Werkstoffmodell, das andere auf einem Verfahren der oberen Schranke in Verbindung mit dem starr-plastischen Werkstoffmodell basiert. Alle Verfahren wurden am Beispiel des Stauchens und Fließpressens miteinander verglichen.

Bei dem FE-Verfahren mit elastisch-plastischem Werkstoffmodell hat sich gezeigt, daß es aus Gründen der Rechenzeit nicht sinnvoll ist, Probleme mit großen plastischen Deformationen zu berechnen. Für solch große Deformationen sind weiter die theoretischen Voraussetzungen der Methode nur noch beschränkt gültig. Schwerpunkt der Vergleiche waren deshalb das Fehlerabgleichverfahren und die auf dem starr-plastischen Werkstoffmodell beruhende FE-Methode.

Es wurde gezeigt, daß alle drei Verfahren zufriedenstellende Übereinstimmung lieferten. Sehr gute Übereinstimmung ergab sich bei Größen wie Geschwindigkeiten, Verschiebungen und Umformkräften, eine etwas schlechtere, aber noch befriedigende Übereinstimmung zeigten die aus dem Geschwindigkeits- bzw. Dehnungsfeld abgeleiteten Größen wie Dehnungsgeschwindigkeiten und Spannungen.

Beim Stauchen wie auch beim Fließpressen hat sich gezeigt, daß das Fehlerabgleichverfahren sehr geometrieabhängig ist. Sowohl bei größer werdendem Stauchverhältnis als auch bei größer werdenden Matrizenöffnungswinkeln 2 α stößt das Fehlerabgleichverfahren an seine Grenzen. Der Grund liegt in den Ansatzfunktionen, die beim Fehlerabgleichverfahren verwendet werden und die für die gesamte Umformzone gelten, während beim Finite-Element-Verfahren diese Funktionen nur bereichsweise gültig sind. Die Verfahrensgrenzen des Fehlerabgleichverfahrens wurden ermittelt sowie Möglichkeiten diskutiert, den Anwendungsbereich des Fehlerabgleichverfahrens zu erweitern.

In den beiden untersuchten FE-Verfahren scheint aus den bereits erwähnten Gründen das Verfahren mit starr-plastischem Werkstoffmodell besser geeignet für die Berechnung von Kaltmassivumformverfahren. Die plastischen Deformationen sind bei diesem Verfahren in der Regel so groß, daß die elastischen Anteile des Werkstoffes vernachlässigt werden können. Das Verfahren wurde auf das axialsymmetrische und ebene Stauchen, stationäres und instationäres Fließpressen, Querfließpressen, Gesenkschmieden sowie das axialsymmetrische Anstauchen eines Kopfes angewandt. Es hat sich gezeigt, daß es mit dieser Methode möglich ist, auch komplizierte Umformvorgänge zu berechnen.

Bei großen Deformationen kann bei der verwendeten Methode, bei der das FE-Netz an den Werkstoff gekoppelt ist und sich mit diesem mitverformt (Update-Lagrange-Formulierung) das Netz sich so stark verzerren, daß irreguläre Elementformen entstehen. Es wurde eine Vorgehensweise beschrieben, die es ermöglicht, während der Berechnung eine Neuformierung des Netzes vorzunehmen und die Rechnung mit dem neu formierten Netz fortzusetzen.

Ein Vergleich der FE-Lösungen beim ebenen Stauchen und ebenen Fließpressen mit Lösungen der Gleitlinientheorie brachte bei Geschwindigkeiten, Umformkräften und Spannungen zufriedenstellende Übereinstimmung. Bei der Bestimmung der plastischen Zone differieren beide Verfahren. Dies ist vor allem auf die Definition des starren Bereiches beim verwendeten FE-Verfahren zurückzuführen.

Eine Erweiterung der hier vorgestellten Finite-Element-Methode auf die Berechnung von dreidimensionalen Problemen ist ohne Schwierigkeiten möglich. Allerdings ist dabei zu berücksichtigen, daß im Vergleich zu den zweidimensionalen Problemen dabei die Rechenzeit sehr stark ansteigt. Bei entsprechend feiner Idealisierung erfordert eine dreidimensionale Berechnung daher bis jetzt noch sehr hohe Rechenzeiten, so daß die Anwendung der Methode auf solche Probleme zur Zeit noch unwirtschaftlich erscheint. Eine weitere Erweiterungsmöglichkeit der hier vorgestellten FE-Methode stellt die Ermittlung der Temperaturverteilung während des Umformvorganges dar. Dabei kann für die Lösung der Temperaturverteilung das für die Berechnung des Umformvorgangs zugrunde gelegte FE-Netz verwendet werden. In einem ersten Schritt muß dabei bei der Berechnung des Umformvorganges die örtliche innere Leistung, die bei einem starrplastischen Werkstoff allein vom augenblicklichen Bewegungszustand abhängt, bestimmt werden. Die innere Leistung wird beim Umformen fast vollständig in Wärme umgewandelt. Im nächsten Schritt kann deshalb die Wärmeleitgleichung zum entsprechenden Zeitpunkt mit Hilfe der FE-Methode gelöst werden. Dieses Verfahren ist sowohl für stationäre als auch instationäre Umformvorgänge anwendbar.

Schrifttum

[1] Lange, K.: Lehrbuch der Umformtechnik, Band 1, Kap. 4, Springer Verlag Berlin, Heidelberg, New York (1972).

[2] Geiger, M., Geiger, R.: Beispiele zur Anwendung der Elementaren Plastizitätstheorie. Industrie-Anzeiger 95 (1973), S. 535 - 536.

[3] Steck, E.: Kraftberechnung bei Umformverfahren mit Hilfe der "oberen Schranke". Werkstattstechnik 57 (1967), S. 273 - 279.

[4] Besdo, D.: Prinzipal-and Slip-line Methods et Numerical Analysis in Plane and Axially-Symmetrice Deformations of Rigid Plastic Media. J. Mech. Phys. Solids, 19 (1971), S. 313.

[5] Becker, M.: The principles and applications of variational methods. Res. Monograph. No. 27 (MIT-Press 1964).

[6] Geiger, M., Steck, E.: Näherungsrechnung zur Ermittlung des Spannungs- und Formänderungszustandes beim Fließen eines starrplastischen Werkstoffes. Industrie-Anzeiger 89 (1967), Nr. 81 S. 1778 - 1781.

[7] Steck, E.: Numerische Behandlung von Verfahren der Umformtechnik. Bericht aus dem Institut für Umformtechnik, Universität Stuttgart, Nr. 22. Girardet, Essen, 1971.

[8] Adler, G.: Ein Verfahren zur näherungsweisen Berechnung des Spannungs- und Bewegungszustandes beim Fließen starrplastischer Werkstoffe, Bericht aus dem Institut für Umformtechnik, Universität Stuttgart, Nr. 12, Girardet, Essen, 1969.

[9] Pohl, W.: Ein Verfahren zur näherungsweisen Berechnung der Wärmeentwicklung und der Temperaturverteilung beim Kaltstauchen von Metallen. Bericht aus dem Institut für Umformtechnik, Universität Stuttgart, Nr. 23, Girardet, Essen, 1972.

[10] Schacher, D.: Kaltmassivumformen von Sintermetall, Bericht aus dem Institut für Umformtechnik, Universität Stuttgart, Nr. 47, Girardet Verlag, Essen, 1977.

[11] Rebholz, M., Roll, K.: Ein Näherungsverfahren für die Berechnung von Umformvorgängen. Rheol. Acta 18, S. 75 - 85 (1979).

[12] Lange, K., Rebholz, M., Roll, K.: An Approximation Method for calculation of Forming processes. Proceeding NAMRC VI, Gainsville USA, 1978, S. 142 - 150.

[13] Argyris, J. H. u. a.: Die elastoplastische Berechnung von allgemeinen Tragwerken und Kontinua. Ingenieur-Archiv, 37. Band 5. Heft, 1969, S. 326 - 352.

[14] Zienkiewicz, O. C., Valliappan, S., King, I. P.: Elastoplastic solutions of engineering problems. Initial stress, finite element approach. Int. J. Num. Meth. Eng. 1 (1969), S. 75 - 100.

[15] Yamada, Y., Yoshimura, N., Sakurai, T.: Plastic stress-strain matrix and its application for the solution of elastic-plastic problems by the finite element method. Int. J. Mech. Sci. 10 (1968), S. 343 - 354.

[16] Lee, C. H. and Kobayashi, S.: Analysis of axisymmetric upsetting and plane-strain-side-pressing of solid cylinders by the finite Element Method. Trans. ASME, Ser. B, Vol. 93, S. 445 - 454.

[17] Dieterle, K.: Verfahrensgrenzen beim Hohlkörperstauchen. Bericht aus dem Institut für Umformtechnik, Universität Stuttgart, Nr. 30, Girardet Verlag, Essen, 1975.

[18] Fenton K. C. and Ny, W. K.: Finite element solution of extrusion of elasto-plastic work hardening materials, Proc. I NAMRC, 1973, S. 49 - 61.

[19] Lee, E. H., Mellet, R. L., Yang, W. H.: Stress and deformation analysis of the metal extrusion process, Computer methods in Appl. Mech. and Eng., Vol. 10 (1977), S. 339 - 353.

[20] Key, S. W., Krieg, R. D., Bathe, K. J.: On the application of the finite element method to metal forming processes. Part I, Computer Methods in Appl. Mech. Engg., Vol. 17/18 (1979), S. 597 - 608.

[21] Markov, A. A.: On Variational Principles in the Theorie of Plasticity , Mehkanika 11 (1947), S. 339 - 350.

[22] Hill, R.: A Variational Prinziple of Maximum Plastic Work in Classical Plasticity, Quart. J. Mech. Appl. Math. 1 (1948), S. 18 - 28.

[23] Hayes, D. J., Marcal, P. V.: Determination of upper bounds for problems in plane stress using finite element techniques. Int. J. Mech. Sci., Vol. 9 (1967), S. 245 - 251.

[24] Lee, C. H., Kobayashi, S.: New Solution to rigid-plastic deformation problem using a matrix method. Trans. ASME, Ser. B, Vol. 95 (1973), S. 865 - 873.

[25] Lung, M.: Ein Verfahren zur Berechnung des Geschwindigkeits- und Spannungsfeldes bei stationären starrplastischen Formänderungen mit finiten Elementen. Dr.-Ing.-Diss. TU Hannover 1971.

[26] Malhus, D. S.: Finite Element Analysis of Incompressible Solids. Dissertation, Boston University 1976.

[27] Shima, S., Mori, K., Osakada, K.: Analysis of Metal Forming by the Rigid-Plastic Finite Element Method Based on Plasticity Theory for Porous Metals . In: Metal Forming Plasticity. Herausgeber: H. Lippmann, Springer, Berlin, Heidelberg, New York, 1979.

[28] Klie, W., Lung, M., Mahrenholtz, O.: Axisymmetric Plastic Deformation Using Finite Element Method, Mech. Res. Comm. 1 (1974), S. 315 - 320.

[29] Matsumoto, H., Oh, S. I., Kobayashi, S.: A note on the matrix method for rigid-plastic analysis of ring compression. Proc. 18th MTDR Conf., London 1977, S. 3 - 9.

[30] Dung, N. L.: Finite Element Analysis of Ring Compression Considering the Influence of Friction, GAMM-Conference Berlin, April 1980.

[31] Shima, S., Mori, K., Oda, T., Osakada, K.: Rigid-plastic finite element analysis of strip rolling, Proc. 4th Int. Conf. Prod. Engg., Tokyo (1980).

[32] Chen, C. C., Oh, S. I., Kobayashi, S.: Duktile Fracture in Axisymmetric Extrusion and Drawing. Journal of Engg. f. Ind. 1979, Vol. 101, S. 23 - 35.

[33] Roll, K.: Calculation of Metal Forming Processes by Finite Element Methods. In: Applications of Numerical Methods to Forming Processes. AMD-Vol. 28, S. 67 - 81.

[34] Dung, N. L., Erlmann, K.: Die Berechnung der Metallumformung bei großen plastischen Formänderungen mit der Methode der finite Elemente. Abschlußbericht zum Forschungsvorhaben der Stiftung Volkswagenwerk I/34210, Dez. 1980.

[35] Kudo, H., Matsubara, S.: Joint examination project of various numerical methods for the analysis of metal forming processes. In: Metal Forming Plasticity. Herausgeber: H. Lippmann, Springer, Berlin, Heidelberg, New York, 1979, S. 378 - 403.

[36] Zienkiewicz, O. C.: The Finite Element Method. Third Edition. McGraw Hill, New York 1977.

[37] Buck, K. E., Scharpf, D. W., Stein, E., Wunderlich, W.: Finite Elemente in der Statik. München: W. Ernst u. Sohn, 1973.

[38] Hill, R.: The mathematical theory of plasticity. Oxford, 1950, Clarendon Press.

[39] Gallagher, R. H.: Finite Element Analysis. Springer Verlag Berlin Heidelberg, New York, 1976.

[40] Herrmann, L. R.: Elasticity Equations for Incompressible and Nearly Incompressible Materials by a Variational Theorem. AIAA Journal, Vol. 3, No. 10 (1965) S. 1896 - 1900.

[41] Nagtegaal, J. C., Park, D. M., Rice, J. R.: On numerically accurate finite element solutions in the fully plastic range. Comp. Meth. Appl. Mech. Eng. 4 (1974) S. 153 - 177.

[42] Argyris, J. H., Dunne, P. C., Angelopoulus, T., Bechat, B.: Large natural strains and some special difficulties due to momlinearity and incompressibility in finite Elementes. Comp. Mech. Appl. Mech. Eng. 4 (1974), S. 219 - 278.

[43] Argyris, J. H., Dunne, P. C., Johnsen, Th. L., Müller, M.: Linear Systems with a large number of sparse constraints with applications to incompressible materials. Comp. Meth. Appl. Mech. Eng. 10 (1977), S. 105 - 132.

[44] Cowper, C. R.: Gaussian quadrature formulars for Triangles. Int. Journal Num. Meth. Eng. 7, S. 405 - 408, 1973.

[45] Irons, B. M.: Quadrature roles for brick boxed finite elements. Int. J. Num. Meth. Eng. 3 (1971) S. 193 - 294.

[46] Fried, I.: Finite Element Analysis of Incompressible Material by Residual Energy Balancing. Int. J. Solids Structures Vol. 10 (1974), S. 993 - 1002.

[47] Scharpf, D. W.: Die Frage der Konvergenz bei der Berechnung elastoplastisch deformierbarer Tragwerke und Kontinua. Dr.-Ing.-Diss. Univ. Stuttgart 1969.

[48] Dostal, M.: Berechnung der Spannungen und Formänderungen beim Verjüngen mit dem Fehlerabgleichverfahren. Diplomarbeit am Institut für Umformtechnik, Universität Stuttgart, 1978 (unveröffentlicht).

[49] Zurmühl, R.: Matrizen, Springer Verlag, Berlin, Heidelberg, New York, 4. Auflage, 1964.

[50] Lubarda, V., Lee, E. H.: A correct Definition of Elastic and Plastic Deformation and its Computational Significance. Metal Forming Report Nr. 7, Stanford University, 1980.

[51] Klie, W.: Zur Lösung des Randwertproblems für einen starr-plastischen Körper mit einem verallgemeinerten Variationsprinzip, Dr.-Ing.-Diss., Universität Hannover 1979.

[52] Diether, U.: Fließpressen von Stahl im Temperaturbereich 773 K bis 1073 K. Bericht aus dem Institut für Umformtechnik Nr. 54. Springer Verlag Berlin, Heidelberg, New York.

[53] Avitzur, B.: Metal Forming: Processes and Analysis. McGraw-Hill, New York 1968.

[54] Glöckl, H.: Ermittlung der Bedeutung der Höhe der Polynomansätze bei der Berechnung des Spannungs- und Bewegungszustandes bei der Fehlerabgleichmethode am Beispiel des axialsymmetrischen Stauchens. Studienarbei am Institut für Umformtechnik, Universität Stuttgart, 1978 (unveröffentlicht).

[55] Vater, M., Nebe, G.: Über die Spannungs- und Formänderungsverteilung beim Stauchen. Fortschr. Ber. VDI-Z., Reihe 2, Nr. 5, Düsseldorf: VDI-Verlag.

[56] Dalheimer, R.: Beitrag zur Frage der Spannungen und Temperaturen beim axialsymmetrischen Strangpressen. Berichte aus dem Institut für Umformtechnik, Universität Stuttgart, Nr. 20. Essen: Verlag M. Girardet.

[57] Prandtl, L.: Über die Härte plastischer Körper. Nachr. Ges. Wiss., Göttingen (1920).

[58] Bishop, J. W. F.: On the complete Solution to problems of deformation of a rigid-plastic material. J. Mech. Phys. Solids, 2, 43 (1953).

[59] Zienkiewicz, O. C.: The Finite Element Method, Kap. 22: Flow of Viscous Fluids, Some Special Problems of Convective Transport. 3rd Edition, Mc Graw-Hill, New York 1977.

[60] Thomsen, E. G., Yang, C. T. und Bierbower, J. B.: An Experimental Investigation of the Mechanics of Plastic Deformation of Metals. Berkeley: Univ. of Calif. Press 1954.

Berichte aus dem Institut für Umformtechnik der Universität Stuttgart

Herausgeber Professor Dr.-Ing. Kurt Lange

1 **Untersuchung über den Einfluß der Belastungszeit auf die Streuung der Rückfederung von Biegeteilen**
Von Dipl.-Ing. Klaus Tafel. 70 Seiten Text u. 64 Seiten mit 49 Bildern u. 15 Tafeln. Vergriffen

2/3 **Untersuchungen über das freie Napfen**
Von Dipl.-Ing. Gerhard Schmitt und Dipl.-Ing. Dieter Schmoeckel.
Untersuchungen über den Kraft- und Arbeitsbedarf sowie den Umformwirkungsgrad beim Vorwärts-Vollfließpressen von Stahl
Von Dipl.-Ing. Dieter Kast. 40 Seiten Text u. 43 Seiten mit 47 Bildern u. 5 Tafeln. 28,— DM

4 **Untersuchungen über die Werkzeuggestaltung beim Vorwärts-Hohlfließpressen von Stahl und Nichteisenmetallen**
Von Dipl.-Ing. Dieter Schmoeckel. 72 Seiten Text u. 117 Seiten mit 179 Bildern. 39,— DM

5 **Untersuchungen über das Stauchen und Zapfenpressen**
Von Dipl.-Ing. Märten Burgdorf. 126 Seiten Text u. 58 Seiten mit 138 Bildern u. 4 Tafeln. 55,— DM

6 **Untersuchungen über die Streuung der Kräfte und Arbeiten beim Fließpressen in der laufenden Fertigung und den Einfluß der Phosphatschichtdicke und des Schmiermittels**
Von Dipl.-Ing. Hans-Dietrich Witte. 38 Seiten Text u. 48 Seiten mit 49 Bildern. 30,— DM

7 **Untersuchungen über das Rückwärts-Napffließpressen von Stahl bei Raumtemperatur**
Von Dipl.-Ing. Gerhard Schmitt. 132 Seiten Text u. 93 Seiten mit 130 Bildern u. 5 Tafeln. 34,— DM

8 **Die Abbildegenauigkeit beim Biegen im 90°-V-Gesenk und ihre Beeinflussung durch Nachdrücken im Gesenk durch Nachdrücken im Gesenk**
Von Dipl.-Ing. Eckart Dannenmann. 50 Seiten Text u. 31 Seiten mit 28 Bildern u. 1 Tafel. Vergriffen

9 **Untersuchungen über den Zusammenhang zwischen Vickershärte und Vergleichsformänderung bei Kaltumformvorgängen**
Von Dipl.-Ing. Hans Wilhelm. 50 Seiten Text u. 35 Seiten mit 37 Bildern u. 2 Tafeln. Vergriffen

10 **Untersuchungen über das Abstreckziehen von zylindrischen Hohlkörpern bei Raumtemperatur**
Von Dipl.-Ing. Rolf K. Busch. 86 Seiten Text u. 92 Seiten mit 97 Bildern. Vergriffen

11 **Vorgänge beim elektromagnetischen und elektrohydraulischen Umformen von metallischen Werkstücken**
Von Dipl.-Ing. Herbert Müller. 90 Seiten Text u. 110 Seiten mit 93 Bildern u. 10 Tafeln. 22,— DM

12 **Ein Verfahren zur näherungsweisen Berechnung des Spannungs- und Formänderungszustandes beim Fließen starrplastischer Werkstoffe**
Von Dipl.-Ing. Gerhard Adler. 124 Seiten Text u. 76 Seiten mit 72 Bildern. Vergriffen

13 **Modellgesetzmäßigkeiten beim Rückwärtsfließpressen geometrisch ähnlicher Näpfe**
Von Dipl.-Ing. Dieter Kast. 101 Seiten Text u. 73 Seiten mit 60 Bildern u. 6 Tafeln. Vergriffen

14 **Untersuchungen über das Genauschneiden von Stahl und Nichteisenmetallen**
Von Dipl.-Ing. Wilfried Krämer. 96 Seiten Text u. 132 Seiten mit 128 Bildern u. 10 Tafeln. Vergriffen

15 **Entwicklung und Erprobung eines Simulators zur reproduzierbaren Nachahmung der Kraft-Weg-Verläufe von Umformvorgängen**
Von Dipl.-Ing. Kurt Schmid. 88 Seiten Text u. 38 Seiten mit 35 Bildern u. 2 Tafeln. 17,— DM

16 **Walzrichten von Metallbändern mit symmetrisch angestellter Fünf-Walzen-Richtmaschine**
Von Dipl.-Ing. Hans-Dietrich Witte. 108 Seiten Text u. 63 Seiten mit 60 Bildern u. 8 Tafeln. 22,— DM

17/18 **Erzeugung räumlicher Blechgebilde mittels Flächenbiegung**
Konstruktion, Abwicklung und Herstellung von Schraubtorsen aus Blech
Von Prof. Dr.-Ing. E. h. Dr. techn. h. c. Otto Kienzle.
120 Seiten Text u. 55 Seiten mit 86 Bildern u. 3 Tafeln. 22,— DM

19 **Einfluß der Alterung auf die mechanischen Eigenschaften von Stählen zum Kaltfließpressen**
Von Dipl.-Ing. Vladimir Hasek, CSc. 43 Seiten Text u. 54 Seiten mit 50 Bildern u. 3 Tafeln. 16,— DM

20 **Beitrag zur Frage der Spannungen, Formänderungen und Temperaturen beim axialsymmetrischen Strangpressen**
Von Dipl.-Ing. Rolf Dalheimer. 118 Seiten Text u. 76 Seiten mit 79 Bildern u. 3 Tafeln. Vergriffen

21 **Über den Einfluß der Werkzeuggeschwindigkeit auf den Stauchvorgang**
Von Dipl.-Ing. H.-J. Metzler. 127 Seiten Text u. 100 Seiten mit 94 Bildern u. 6 Tafeln. 25,— DM

22 **Numerische Behandlung von Verfahren der Umformtechnik**
Von Dr.-Ing. Elmar Steck. 67 Seiten Text u. 22 Seiten mit 43 Bildern. 16,— DM

23 **Ein Verfahren zur näherungsweisen Berechnung der Wärmeentwicklung und der Temperaturverteilung beim Kaltstauchen von Metallen**
Von Dipl.-Ing. Walther Pohl. 78 Seiten Text u. 51 Seiten mit 61 Bildern u. 4 Tafeln. 21,— DM

24 **Untersuchungen über das Drückwalzen zylindrischer Hohlkörper und Beitrag zur Berechnung der gedrückten Fläche und der Kräfte**
Von Dipl.-Ing. Hans-Jürgen Dreikandt. 161 Seiten Text u. 79 Seiten mit 73 Bildern u. 6 Tafeln. Vergriffen

25 **Über den Formänderungs- und Spannungszustand beim Ziehen von großen unregelmäßigen Blechteilen**
Von Dipl.-Ing. Vladimir Hasek, CSc. 129 Seiten Text u. 106 Seiten mit 109 Bildern u. 9 Tafeln. 35,— DM

26 **Über die Anisotropie des plastischen Verhaltens stranggepreßter Stäbe aus hexagonalen Metallen**
Von Dipl.-Ing. Günther Schröder. 129 Seiten Text u. 75 Seiten mit 97 Bildern u. 2 Tafeln. Vergriffen

27 **Die Messung der mechanischen Kontaktspannung in der Wirkfuge**
Werkzeug — Werkstück bei Umformverfahren
Von Dipl.-Ing. Fritz Dohmann. 99 Seiten Text u. 82 Seiten mit 93 Bildern u. 4 Tafeln. Vergriffen

28 **Beitrag zur rechnerunterstützten Auslegung von Pressengestellen**
Von Dipl.-Ing. Manfred Geiger. 94 Seiten u. 56 Seiten mit 63 Bildern. Vergriffen

29 **Untersuchungen über das Aufweittiefziehen**
Von P. S. Raghupathi, M. E. ISBN 3-7736-0780-6.
80 Seiten Text u. 54 Seiten mit 73 Bildern u. 2 Tafeln. 32.– DM

30 **Faltenbildung als Verfahrensgrenze beim Stauchen von Hohlkörpern**
Von Dipl.-Ing. Klaus Dieterle. ISBN 3-7736-0781-4.
55 Seiten Text u. 35 Seiten mit 43 Bildern u. 3 Tafeln. 28.– DM

31 **Beitrag zur Ermittlung von Fließkurven im kontinuierlichen hydraulischen Tiefungsversuch**
Von Dipl.-Ing. Franc Gologranc. ISBN 3-7736-0785-7.
125 Seiten Text u. 58 Seiten mit 95 Bildern u. 6 Tafeln. Vergriffen

32 **Untersuchungen an Strangpreßmatrizen**
Von Dipl.-Ing. Klaus Gieselberg. ISBN 3-7736-0786-5.
101 Seiten Text u. 56 Seiten mit 69 Bildern. 45.– DM

33 **Beitrag zur Messung der Strangoberflächentemperatur beim Strangpressen**
Von Dipl.-Ing. Karl-Heinz Friedrich. ISBN 3-7736-0787-3.
83 Seiten Text u. 90 Seiten mit 84 Bildern u. 3 Tafeln. 48.– DM

34 **Über das Umformverhalten von Blechen aus Titan und Titanlegierungen**
Von Dipl.-Ing. Hans Wilhelm. ISBN 3-7736-0788-1.
107 Seiten Text u. 69 Seiten mit 76 Bildern u. 13 Tafeln. 48.– DM

35 **Untersuchung der magnetischen Induktion, Stromdichte und Kraftwirkung bei der Magnetumformung**
Von Dipl.-Ing. Volker Schmidt. ISBN 3-7736-0789-X.
60 Seiten Text u. 53 Seiten mit 84 Bildern. 21.– DM

36 **Der Stofffluß beim kombinierten Napffließpressen**
Von Dipl.-Ing. Rolf Geiger. ISBN 3-7736-0790-3.
111 Seiten Text u. 74 Seiten mit 80 Bildern u. 6 Tafeln. Vergriffen

37 **Beitrag zum Verhalten superplastischer Werkstoffe beim Massivumformen**
Von Dipl.-Ing. Hans Schelosky. ISBN 3-7736-0791-1.
123 Seiten Text u. 61 Seiten mit 60 Bildern u. 4 Tafeln. 48.– DM

38 **Energieumsatz beim elektrohydraulischen Umformen**
Von Dipl.-Ing. Hans-Joachim Weckerle. ISBN 3-7736-0792-X.
103 Seiten Text u. 46 Seiten mit 56 Bildern. 45.– DM

39 **Elastische Wechselwirkungen an Gestell und Hauptgetriebe weggebundener Pressen**
Von Dipl.-Ing. Lutz Schemperg. ISBN 3-7736-0793-8.
91 Seiten Text u. 58 Seiten mit 65 Bildern u. 3 Tafeln. 45.– DM

40 **Über das plastische Verhalten von Sintermetallen bei Raumtemperatur**
Von Dipl.-Ing. Hartmut Höneß. ISBN 3-7736-0794-6.
84 Seiten Text u. 54 Seiten mit 67 Bildern u. 2 Tafeln. 45.– DM

41 **Untersuchungen zum Halbwarmfließpressen von Stahl**
Von Dr.-Ing. Rolf Geiger, Dipl.-Ing. Eckart Dannenmann und Dipl.-Ing. Jean Stefanakis.
ISBN 37736-0795-4. 50 Seiten Text u. 33 Seiten mit 34 Bildern u. 2 Tafeln. Vergriffen

42 **Änderung der Werkstoffeigenschaften beim Ziehen von zylindrischen Hohlkörpern aus austenitischen und ferritischen nichtrostenden Stählen**
Von Dipl.-Ing. Rolf Zeller. ISBN 3-7736-0796-2.
80 Seiten Text u. 52 Seiten mit 34 Bildern u. 2 Tafeln. 38.– DM

43 **Untersuchungen über das Fließpressen superplastischer Werkstoffe**
Von Dr.-Ing. Hans Schelosky. ISBN 3-7736-0797-0.
36 Seiten Text u. 24 Seiten mit 26 Bildern u. 1 Tafel. 30.– DM

44 **Umformende Bearbeitung in flexiblen Fertigungssystemen**
Von Dipl.-Ing. Hartmut Kaiser. ISBN 3-7736-0798-9.
87 Seiten Text u. 24 Seiten mit 47 Bildern. 36.– DM

45 **Geometrische Eigenschaften tiefgezogener kreiszylindrischer Näpfe**
Von Dipl.-Ing. Dieter Schlosser. ISBN 3-7736-0799-7.
107 Seiten Text u. 64 Seiten mit 60 Bildern u. 9 Tafeln. 48.– DM

46 **Die Eigenschaften einer AlZnMgCu-Legierung nach ausgewählten Kombinationen von Wärmebehandlung und Kaltumformung**
Von Dipl.-Ing. Karl Hankele. ISBN 3-7736-0880-2.
86 Seiten Text u. 51 Seiten mit 52 Bildern u. 4 Tafeln. 45.– DM

47 **Kaltmassivumformen von Sintermetall**
Von Dipl.-Ing. Hans Dieter Schacher. ISBN 3-7736-0881-0.
84 Seiten Text u. 44 Seiten mit 47 Bildern u. 5 Tafeln. 42.– DM

48 **Rechnerunterstützte Arbeitsplanerstellung und Kostenrechnung beim Kaltmassivumformen von Stahl**
Von Dipl.-Ing. Peter Noack. ISBN 3-7736-0882-9.
216 Seiten Text u. 116 Seiten mit 134 Bildern u. 23 Tafeln. 65.– DM

49 **Beitrag zur beanspruchungsgerechten Auslegung von rotationssymmetrischen Fließpreßmatrizen**
Von Dipl.-Ing. Günther Krämer. ISBN 3-7736-0883-7.
94 Seiten Text u. 53 Seiten mit 56 Bildern. 48.– DM

50 **Erzeugung gratfreier Schnittflächen durch Aufteilen des Schneidvorgangs (Konterschneiden)**
Von Dipl.-Ing. Heinz Liebing. ISBN 3-7736-0884-5.
87 Seiten Text u. 51 Seiten mit 55 Bildern u. 4 Tafeln. 46.– DM

Die Berichte 1 bis 28 sind zu beziehen durch das Institut für Umformtechnik, Holzgartenstr. 17, 7000 Stuttgart 1
Die Berichte 29 bis 50 sind zu beziehen durch den Verlag W. Girardet, Postfach 9, 4300 Essen

51 **Berechnung der elastischen Eigenschaften von Baugruppen im Pressenbau**
Von Dipl.-Ing. Herbert Blum. ISBN 3-540-09804-6.
151 Seiten mit 55 Abbildungen. 48,-- DM

52 **Untersuchung der Verfahrensgrenzen beim 180°-Biegen von Fein- und Mittelblechen**
Von Dipl.-Phys. Wolfgang Schaub. ISBN 3-540-09881-X
65 Seiten mit 24 Abbildungen. 38,-- DM

53 **Abstreckgleitziehen von nichtrostenden austenitischen Stählen**
Von Dipl.-Ing. Jobst-H. Kerspe. ISBN 3-540-09882-8
109 Seiten mit 36 Abbildungen. 43,-- DM

54 **Fließpressen von Stahl im Temperaturbereich 773 K (500 °C) bis 1073 K (800 °C)**
Von Dipl.-Ing. Ulrich Diether. ISBN 3-540-09959-X
165 Seiten mit 80 Abbildungen. 48,-- DM

55 **Die numerisch gesteuerte Radial-Umformmaschine und ihr Einsatz im Rahmen einer flexiblen Fertigung**
Von Dipl.-Ing. Peter Metzger. ISBN 3-540-10073-3.
158 Seiten mit 65 Abbildungen. 43,-- DM

56 **Möglichkeiten zur Steuerung des Stoffflusses beim Ziehen großer unregelmäßiger Blechteile**
Von Dr.-Ing. Vladimir V. Hasek, CSc. ISBN 3-540-10074-1
193 Seiten mit 96 Abbildungen. 48,-- DM

57 **Beitrag zur Arbeitsgenauigkeit des Kaltmassivumformens**
Von Dipl.-Ing. Herbert Leykamm. ISBN 3-540-10363-5.
165 Seiten mit 84 Abbildungen und 5 Tabellen. 48,-- DM

58 **Untersuchungen über das Verjüngen von zylindrischen Vollkörpern**
Von Dipl.-Ing. Helmut Binder. ISBN 3-540-10466-6
146 Seiten mit 50 Abbildungen und 3 Tabellen. 43,-- DM

59 **Umformverhalten legierter Sintereisen**
Von Dipl.-Ing. Manfred Stilz. ISBN 3-540-11051-8
170 Seiten mit 75 Abbildungen und 5 Tabellen. 48,-- DM

60 **Interaktives Programmsystem zur Erstellung von Fertigungsunterlagen für die Kaltmassivumformung**
Von Dipl.-Ing. Michael Rebholz. ISBN 3-540-11052-6
121 Seiten mit 46 Abbildungen. 43,-- DM

61 **Beitrag zum Ziehen von Blechteilen aus Aluminiumlegierungen**
Von Dipl.-Ing. Michael Blaich. ISBN 3-540-11067-4
141 Seiten mit 64 Abbildungen und 5 Tabellen. 43,-- DM

62 **Auslegung von rotationssymmetrischen Fließpreßwerkzeugen im Bereich elastisch-plastischen Werkstoffverhaltens**
Von Dipl.-Ing. Thomas Neitzert. ISBN 3-540-11623-0.
159 Seiten mit 51 Abbildungen. 53,-- DM

63 **Fließpressen von Sintermetall im Temperaturbereich zwischen 873 K (600 °C) und 1173 K (900 °C)**
Von Dipl.-Ing. Wolfgang Schaub. ISBN 3-540-11678-8.
160 Seiten mit 85 Abbildungen und 9 Tabellen. 53,-- DM

64 **Rechnerunterstützte Konstruktion von Umformwerkzeugen und die Fertigungsplanung von Werkzeugelementen**
Von Dipl.-Ing. Dieter Steuss. ISBN 3-540-11856-X.
178 Seiten mit 87 Abbildungen und 6 Tabellen. 53,-- DM

65 **Möglichkeiten und Grenzen des Kaltgesenkschmiedens als eine fertigungstechnische Alternative für kleine, genaue Formteile**
Von Dipl.-Ing. Khang Hoang-Vu. ISBN 3-540-11876-4.
156 Seiten mit 62 Abbildungen und 5 Tabellen. 53,-- DM

66 **Einsatz numerischer Näherungsverfahren bei der Berechnung von Verfahren der Kaltmassivumformung.**
Von Dipl.-Ing. Karl Roll. ISBN 3-540-11910-8.
166 Seiten mit 49 Abbildungen und 2 Tabellen. 53,-- DM

Die Berichte 51 und folgende sind zu beziehen durch den Springer-Verlag, Berlin Heidelberg New York